写给大忙人的现代
JavaScript

[美] Cay S. Horstmann 著

AliExpress & 国际化中台体验技术团队 译

Modern JavaScript
for the Impatient

内 容 简 介

本书是一本简明的现代 JavaScript 教程，不仅涵盖函数式编程、JavaScript 语法、JavaScript 库等基础性内容，还介绍了国际化、异步编程、标准模块系统、元编程等较为复杂的内容，并附加了 TypeScript 的相关知识。部分章节根据其难度的不同设置了相应的图标，以便读者选择性学习。

本书力求使初学者不被过时的 JavaScript 所困扰，能够在实践中高效地学会使用现代 JavaScript，既适合 JavaScript 初学者入门使用，也适合有一定基础的程序员进阶学习。

Authorized translation from the English language edition, entitled MODERN JAVASCRIPT FOR THE IMPATIENT, 9780136502142 by CAY S. HORSTMANN, published by Pearson Education, Inc, Copyright © 2020 Pearson Education, Inc.

All rights reserved. No part of this book may be reproduced or transmitted in any form or by any means, electronic or mechanical, including photocopying, recording or by any information storage retrieval system, without permission from Pearson Education, Inc.

CHINESE SIMPLIFIED language edition published by PUBLISHING HOUSE OF ELECTRONICS INDUSTRY CO., LTD, Copyright © 2021.

本书简体中文版专有出版权由 Pearson Education, Inc.培生教育出版集团授予电子工业出版社。未经出版者预先书面许可，不得以任何方式复制或抄袭本书的任何部分。

本书简体中文版贴有 Pearson Education, Inc.培生教育出版集团激光防伪标签，无标签者不得销售。

版权贸易合同登记号 图字：01-2020-5000

图书在版编目（CIP）数据

写给大忙人的现代 JavaScript /（美）凯·霍斯特曼（Cay S. Horstmann）著；AliExpress & 国际化中台体验技术团队译. —北京：电子工业出版社，2021.9
书名原文：Modern JavaScript for the Impatient
ISBN 978-7-121-41580-7

Ⅰ. ①写⋯ Ⅱ. ①凯⋯ ②A⋯ Ⅲ. ①JAVA 语言－程序设计－教材 Ⅳ. ①TP312.8

中国版本图书馆 CIP 数据核字（2021）第 138374 号

责任编辑：张春雨
印　　刷：三河市鑫金马印装有限公司
装　　订：三河市鑫金马印装有限公司
出版发行：电子工业出版社
　　　　　北京市海淀区万寿路 173 信箱　　邮编：100036
开　　本：787×980　1/16　印张：23　字数：426 千字
版　　次：2021 年 9 月第 1 版
印　　次：2021 年 9 月第 1 次印刷
定　　价：109.00 元

凡所购买电子工业出版社图书有缺损问题，请向购买书店调换。若书店售缺，请与本社发行部联系，联系及邮购电话：(010) 88254888，88258888。
质量投诉请发邮件至 zlts@phei.com.cn，盗版侵权举报请发邮件至 dbqq@phei.com.cn。
本书咨询联系方式：(010) 51260888-819，faq@phei.com.cn。

推荐序一

在过去的十年间，前端技术的发展突飞猛进，各个领域异彩纷呈，对应框架层出不穷。从 HTML5 标准的诞生，到 Node.js 向服务端方向的爆发，再到前端 MV(X)框架的百花齐放，还有可视化及互动领域的发展，以及各种移动互联网技术的融合和快速突破，前端领域变得越来越广，JavaScript 逐渐变得"无所不能"。

万丈高楼平地起，打好 JavaScript 基础非常重要。本书知识全面、深入浅出，非常适合初学者。作者结合自己的实践经验，精选了非常实用的例子，并提供了精心设计的练习题，能够使初学者快速系统地掌握 JavaScript 底层原理，为以后前端编程实践打下扎实的基础。本书也适合 JavaScript 进阶编程者，书中介绍了作者的经验和技巧，还有许多 JavaScript 新特性和进阶内容，比如函数式编程、面向对象编程、国际化、异步编程、元编程、TypeScript 等，有助于进阶者查漏补缺，并快速掌握新特性。

本书的翻译成员来自国际体验技术团队，该团队由 AliExpress 前端和国际化中台前端组成，在长期的一线实践中，我们越发体会到掌握底层原理和及时更新特性的重要性。本书在内容上简洁明快、直击主题，"不废话"的风格在市场上赢得了良好的口碑，所以我们最终选择翻译此书，期望本书能够帮助国内更多的 JavaScript 初学者和进阶者实现能力的快速提升。

高级前端专家　万健

推荐序二

JavaScript 已是当今最热门的开发语言之一，具有强大的社区生态，在 GitHub 的编程语言排名中持续名列前茅。与其他编程语言相比，JavaScript 具有自己的特点，在类型、面向对象、模块化、异步化等问题上都有着独特的思路和特性。无论这些特性是好是坏、用户是否欣赏，都不妨碍 JavaScript 成为一门独具魅力的语言。

由于 JavaScript 的广泛使用，社区中涌现了一些框架/库，比如 React、Vue、Koa 等。使用这些框架/库来开发 JavaScript，能够显著提升开发效率和质量，但从个人学习 JavaScript 的角度，我强烈建议，不仅要会运用语言，还要掌握语言的原理和特性，而本书非常贴合这个目标。本书弱化了一些基础的编程知识，从 JavaScript 语言的特性出发，利用 13 个章节，从基础到进阶，系统化地介绍了 JavaScript 语言特性，每章附有练习题，可帮助读者进一步思考。无论是刚刚进入 JavaScript 编程领域的初学者，还是具有一定经验的开发者，都能通过学习本书而有所收获。

本书的译者来自国际体验技术团队，他们有着丰富的 JavaScript 开发经验，解决过复杂且多样的技术和业务问题。他们结合自身的实践经验和感悟来翻译本书，在此过程中也对 JavaScript 有了更深刻的体会。

资深前端专家　姜凡

推荐序三

阿特伍德（Jeff Atwood）在 2007 年的一篇博客文章中提到："任何可以用 JavaScript 来写的应用，最终都将用 JavaScript 编写。"这就是著名的阿特伍德定律。JavaScript 诞生于 1995 年，经过多年的升级和进化，其基于原型的编程模式、无须编译多范式解析执行的轻量化动态脚本、支持面向对象和声明式的编码风格，使它成为灵活且充满魅力的编程语言。时至今日，无论是 JavaScript 开发者数量，还是社区生态的丰富程度，都处于编程语言前列。

全球互联网经历了 PC 时代和移动时代，JavaScript 已无处不在，掌握这门语言已经是互联网应用开发者的必备技能。近年来，JavaScript 不断涌现出新的类库、框架、脚手架。这些与日俱增的类库大大丰富了 JavaScript 的生态，也提高了程序开发效率，但我在日常工作中却发现，越来越多的开发者过度依赖现成的类库和框架来完成工作，由于对基础知识的掌握不成体系，缺乏对语言原理的理解，他们在工作中举一反三、追本溯源定位问题的能力偏弱。

编程是一门实践的科学。本书结合 JavaScript 语言的特性，不仅讲解了 JavaScript 的基础知识，还介绍了许多非常"接地气"的案例，既适合初学者打牢基础，也适合有经验的开发者提升实践技能。书中内容精炼不废话，专为"大忙人"量身定制。

本书的翻译人员都是来自国际体验技术团队的优秀前端开发者，在复杂的国际业务场景中，具有极强的解决实际问题的能力。本书原文作者对 JavaScript 有深刻的理解，翻译团队具有多年的前端开发经验，相信二者的结合一定能为读者带来书中精品。

资深前端专家　唐爽

译者序

我非常幸运地参与了本书的翻译过程。和 JavaScript 打交道多年，这是我第一次如此深入细致地阅读一本技术图书——从原版到译文，逐字逐句地斟酌。当然，翻译也是二次学习的过程，通过翻译本书，我巩固了已经掌握的知识，获益颇多。

正如书名一样，本书紧跟 JavaScript 的发展，没有对其历史进行赘述，而是直接讲解实用、流行的现代 JavaScript，对学习 JavaScript 或者由其他语言转向 JavaScript 的读者都会有很大的帮助。同时，本书对 JavaScript 知识点进行了梳理和分层，读者可以根据自己的掌握程度选择相应的章节来阅读，也可以将本书用于进阶学习。所谓千人千面，相信不同的读者可以在本书中看到不同深度的 JavaScript。

虽然我们在翻译过程中竭力追求"信、达、雅"，但限于译者自身的水平及经验有限，错漏和不足之处在所难免，恳请读者批评指正。

开卷有益，祝读者能在学习 JavaScript 的过程中体会到更多的乐趣！

——刘哲聿

本书的内容与书名非常贴合，确实是写给大忙人看的，内容上做到了简明扼要、除旧布新。同时，书中包含了作者想传达给读者的许多经验技巧，这让我在翻译和审校的过程中有耳目一新的感觉。相信你在阅读的过程中也一定会有同样的体会！

——陈新

前端技术不断推陈出新，前端从业者叫着"学不动了"，其根本原因在于"没时间+要学的内容太多"，而"for 大忙人+精简"是本书的特征。我有幸参与此书的翻译工作，于我而言，翻译过程也是一个很好的学习过程，希望这本书也能够帮助到各位读者。

——王志强

本书用大量篇幅阐述原理、剖析本质，旨在帮助读者建立正确的前端基础理论体系。"万丈高楼平地起，勿在浮沙筑高台"，互联网行业正在经历新一轮井喷式的发展，在诱惑面前不动声色，潜心钻研，才是成长为"前端大神"的唯一通途。

——孙承祚

译者序

如果你想要学习 JavaScript 却苦于没有太多的时间，又希望能够比较全面地了解前端知识，那么本书是一个很好的选择。本书用简短的篇幅和精炼的语言阐释了前端知识及其新特性。在翻译校阅本书的过程中，我们也遵循了原书简明直接的宗旨。希望本书能对 JavaScript 学习者有所帮助。

——陈松若

本书结合 ECMAScript 新特性，从语法到语言层面都给出了新颖有趣的阐述，并且每章结尾附有习题，有助于读者回顾章节中的知识。希望本书能帮助"大忙人"的学习者理解并掌握这些新知识。

——张明

本书作者对 ECMAScript 标准的理解不只限于表面，而是深入标准背后的原因以及讨论过程。通过阅读此书，读者可以详细地了解这些标准的由来。希望本书可以帮助读者更深入地参与到社区建设中来。

——杨宇豪

如今国际化势头正盛，国际化意味着你的产品将有更大潜力，而本地化能让你的产品适用于各个特定的地区。本地化通常表现为多语言、多时区、多币种，本书是关于 JavaScript 本地化的一个良好开端。

——毛训星

"高端的食材，往往只需要最朴素的烹饪方式"——优美的代码，只需要利用原生的数组和集合操作。

——黄劲森

化繁为简、深入浅出并非易事，这要求讲解者本身有着扎实的知识体系和深刻的理解能力，还要求作者有着丰富的写作经验，但本书的作者做到了！在试图让译文既易于理解又尽可能保持原著精髓的过程中，我也体会到了"温故知新"的含义。愿君阅读，终有收获。

——蒋慧

本书虽为"大忙人"所著，但并非简单的 API 堆砌。全书虽篇幅不长，但书中恰到好处的例子，附上启发式的习题，却能帮助读者夯实基础。愿读者皆有所受益，这也是本书的意义所在。

——韩章裕

JavaScript 语言变化非常之快，本书详细介绍了 JavaScript 的最新语法，比如元编程模块，可以帮助读者修炼"内功"。同时，译者在翻译的过程中加入了一些自己的见解，力求使内容通俗易懂。如果你能掌握本书的多数内容，我相信你会具备非常扎实的 JavaScript 基础，并在前端世界中畅游。

——熊能

JavaScript 更新迭代比较快，我在翻译时会发现自己之前对于某些内容的认识十分粗浅。英文原书的书名虽然是"for the Impatient"，但实际上，这也是一本很适合在现代浏览器上用作 Cookbook 的图书。

——苏州

TypeScript 在现代前端工程体系中有着举足轻重的地位，本书对于 TypeScript 的介绍由浅入深，并从发展的角度探讨了如何设计和权衡 TS 接口。如果读者能够结合习题深入思考，相信一定能够对 TypeScript 有更深刻的理解，并开发出代码精简、功能健全的代码库。

——姚丰

本书翻译人员合影

前　　言

熟悉 Java、C#、C 和 C++等语言的经验丰富的程序员经常会发现，在某些场景下需要使用 JavaScript。越来越多的用户界面基于 Web 实现，而作为 Web 浏览器的通用语言，JavaScript 显得尤为重要。不仅如此，Electron 框架还将其功能扩展到了富客户端应用程序中，并且有多种解决方案可用于生成移动 JavaScript 应用程序。同时，JavaScript 在服务器端也越来越常见。

多年前，JavaScript 一直被认为是一种"小型"的编程语言，对大型程序来说，JavaScript 的特性集可能会造成混淆且容易出错。然而，标准化和各类工具产品的出现使 JavaScript 的发展远远超出了人们的预期。

不幸的是，初学者在学习现代的 JavaScript 时，却时常被过时的 JavaScript 困扰。大多数的图书、课程和博客文章从较早版本的 JavaScript 开始讲起，这对从其他语言转向 JavaScript 的程序员来说帮助有限。

这就是本书要解决的问题。假设你（读者）是有一定基础的程序员，已了解分支和循环、函数、数据结构以及面向对象编程的基础知识，我会为你讲解如何高效地使用现代 JavaScript。对于一些过时的功能，我会使用括号进行注释。你将学习到如何在实践中使用现代 JavaScript，完全不用担忧历史问题。

JavaScript 也许并不完美，但已被证明非常适合用于用户界面编程和多种服务器端任务。正如阿特伍德（Jeff Atwood）的预言："任何可以用 JavaScript 来写的应用，最终都将用 JavaScript 编写。"

通过阅读本书，你能够学习到如何用现代 JavaScript 编写下一个版本的应用程序！

五条黄金法则

不使用 JavaScript 的部分"经典"功能可以大大减轻读者学习该语言的心理负担。对读者而言，下面这些规则可能暂时没什么意义，我暂且列出来，以便大家将来参考。放心，数量很少。

1. 使用 let 或 const 代替 var 来声明变量。
2. 使用严格模式（strict mode）编码。

3. 明确类型并避免自动类型转换。

4. 理解原型的概念，但应使用类、构造函数和方法等现代语法实现对应的功能。

5. 避免在构造函数或方法外使用 this。

还有一个公认的规则：避免使用 Wat 代码。Wat 代码就是那些令人困惑的 JavaScript 代码，读者在研究后往往会发出讽刺性的感叹"Wat?!"。总有一些人喜欢通过剖析晦涩的代码来说明 JavaScript 适用性差，但实际上我们从那些代码"坑"里学不到什么有用的东西。例如，如果熟记黄金法则中的第 3 条"避免自动类型转换"，那么我们就没必要去研究"为什么 2 * ['21'] 是 42，但 2 + ['40'] 不是 42"了。总的来说，我们要知道如何避免自己陷入这种毫无头绪的混乱境地，而不是试图去解释和理解那些无用的细节和原因。

学习途径

在写作本书时，我努力梳理了内容和结构，以便读者查找阅读。为了帮助读者根据需求选择性地阅读，我用不同的图标标识了基础章节和高级章节。一些高级的章节会有相应的图标，读者可以在有一定基础知识储备之后再学习高级章节。

图标介绍如下。

"不耐烦的兔子"代表基础内容，即使是最没耐心的读者也不应跳过。

爱丽丝（Alice）是大多数程序员都想深入了解的主题，但非必读内容。

Cheshire 猫表示本章节为进阶内容，可能对框架开发人员有所帮助。应用程序领域的大部分程序员可以忽略此部分。

最后，"疯帽人"表示该章节为复杂深奥的内容，主要针对那些希望深入研究探索的读者。

本书内容

第 1 章介绍 JavaScript 的基本概念，包括值、类型、变量，以及非常重要的对象字面量。第 2 章涵盖控制流的内容，熟悉 Java、C#或 C++语言的读者可以跳过此章。第 3 章介绍 JavaScript 中非常重要的部分——函数以及函数式编程，

JavaScript 的对象模型与基于类的编程语言完全不同。**第 4 章**深入细节，重点讨论现代 JavaScript 语法。**第 5 章**和**第 6 章**涵盖了常用于处理数字、日期、字符串和正则表达式的库。以上章节主要为基础内容，包含少量的进阶内容。

接下来的 4 章均为中级内容。**第 7 章**介绍如何使用数组以及标准 JavaScript 库提供的其他集合。如果你的程序需要与来自世界各地的用户进行交互，那么你需要特别关注**第 8 章**中有关国际化的内容。**第 9 章**主要讲解了异步编程的相关内容，这对所有的程序员而言都是非常重要的。异步编程在 JavaScript 中曾经是非常复杂的话题，但随着 promise、async 和 await 等关键字的引入，异步编程也逐渐变得简单。**第 10 章**讨论 JavaScript 的标准模块系统，包括如何使用其他程序员编写的模块，以及如何生成自己的模块。

第 11 章主要介绍元编程，属于进阶内容。如果你要创建用于分析和转换任意 JavaScript 对象的工具，则需要阅读本章。**第 12 章**介绍 JavaScript 的另一个高级主题——迭代器和生成器，这是用于访问和创建任意值序列的强大机制。

第 13 章是附加章节，介绍了 TypeScript。TypeScript 是 JavaScript 的超集，它添加了编译时类型。它不是标准 JavaScript 的一部分，但是非常流行。阅读本章有助于读者确定是继续使用纯 JavaScript，还是使用流行的编译时类型。

本书的目的是帮助读者在 JavaScript 语言方面打下坚实的基础，使读者可以自信地使用 JavaScript。然而，读者还需要在其他地方寻找和跟进不断变化的工具和框架。

为什么写这本书

JavaScript 是全球最常用的编程语言之一。像许多程序员一样，我最初只懂 JavaScript 的一点皮毛，直到某一天需要快速地学习严谨的 JavaScript，这时，问题来了：怎么去学呢？

很多书只给 Web 开发者介绍一点点 JavaScript，但其实我已经对其有了一定的了解。1996 年，David Flanagan 的犀牛系列（*Rhino*）图书很畅销，但由于各种历史原因，如今读者读起来已经"不堪重负"。2008 年，Douglas Crockford 的 *JavaScript:The Good Parts*[1]是不错的 JavaScript 入门书，但是书中很多内容已在随后的语言更改中被整合。很多图书让那些使用老式 JavaScript 的程序员学习现代标准，但我并不认同这些书中部分所谓"经典"的 JavaScript。

---

[1] 中文版《JavaScript 语言精粹》由电子工业出版社出版。

当然，网络上充斥着质量参差不齐的 JavaScript 主题博客，有些内容准确，但有些内容对于本质的理解并不准确，因此这种通过在网上搜索博客再评估其真实性水平的学习方式效率太低了。

奇怪的是，我找不到一本没有历史包袱的、面向数百万懂 Java 或类似语言并且想学习 JavaScript 的程序员的书，因此我决定编写本书。

致谢

再次感谢编辑 Greg Doench 支持该项目，感谢 Dmitry Kirsanov 和 Alina Kirsanova 对本书进行编辑和排版。特别感谢审稿人 Gail Anderson、Tom Austin、Scott Davis、Scott Good、Kito Mann、Bob Nicholson、Ron Mak 和 Henri Tremblay 提出的校对和改进建议。

Cay Horstmann

2020 年 3 月于柏林

读者服务

微信扫码回复：41580

- 获取本书正文中提供的额外参考资料链接
- 加入本书读者交流群，与本书译者互动
- 获取【百场业界大咖直播合集】（永久更新），仅需 1 元

关于作者

Cay S. Horstmann

Core Java™, *Volumes I & II, Eleventh Edition*（Pearson，2018）、*Scala for the Impatient, Second Edition*（Addison-Wesley，2016），以及 *Core Java SE 9 for the Impatient*（Addison-Wesley，2017）的主要作者。圣何塞州立大学计算机科学名誉教授，Java Champion 称号获得者，计算机行业会议常驻演讲者。

目　　录

第 1 章　值与变量　1
　　1.1　运行 JavaScript　3
　　1.2　类型和 typeof 操作符　6
　　1.3　注释　7
　　1.4　变量声明　7
　　1.5　标识符　9
　　1.6　数字　10
　　1.7　运算符　12
　　1.8　布尔值　14
　　1.9　null 和 undefined　14
　　1.10　字符串字面量　15
　　1.11　模板字面量　17
　　1.12　对象　18
　　1.13　对象字面语法　19
　　1.14　数组　21
　　1.15　JSON　22
　　1.16　解构　23
　　1.17　高级解构　25
　　　　1.17.1　对象解构详谈　26
　　　　1.17.2　剩余参数声明　26
　　　　1.17.3　默认值　27
　　练习题　27

第 2 章　控制结构　29
　　2.1　表达式和语句　31
　　2.2　自动分号插入　33
　　2.3　分支　36

目 录

2.4 布尔值转换　38
2.5 数值比较　39
2.6 混合比较　40
2.7 布尔运算符　42
2.8 switch 语句　44
2.9 while 和 do 循环　45
2.10 for 循环　46
 2.10.1 传统 for 循环　46
 2.10.2 for of 循环　47
 2.10.3 for in 循环　48
2.11 跳出（break）与跳过（continue）　50
2.12 捕获异常　52
练习题　54

第 3 章　函数与函数式编程　57

3.1 函数声明　59
3.2 高阶函数　61
3.3 函数字面量　61
3.4 箭头函数　62
3.5 函数数组处理　64
3.6 闭包　65
3.7 固定对象　67
3.8 严格模式　69
3.9 测试参数类型　71
3.10 可选参数　72
3.11 默认参数　73
3.12 rest 参数与扩展运算符　73
3.13 解构模拟命名参数　75
3.14 函数提升　76
3.15 抛出异常　79
3.16 捕获异常　79
3.17 finally 子句　81
练习题　82

第 4 章 面向对象编程 85

4.1　JavaScript 方法　87
4.2　原型（prototype）　88
4.3　构造函数　91
4.4　类句法　93
4.5　getter 和 setter　94
4.6　实例域和私有方法　95
4.7　静态方法和域　96
4.8　子类　97
4.9　重写方法　99
4.10　构建子类　100
4.11　类表达式　101
4.12　this 的指向　102
练习题　106

第 5 章 数字和日期 109

5.1　数字字面量　111
5.2　数字格式化　112
5.3　数字解析　113
5.4　数字方法和常量　114
5.5　数学运算方法和常量　115
5.6　大整数　116
5.7　构造日期　117
5.8　日期函数和方法　121
5.9　日期格式化　122
练习题　123

第 6 章 字符串和正则表达式 125

6.1　字符串和码位序列的转换　127
6.2　字符串子集　128
6.3　其他字符串方法　130
6.4　带标签的模板字面量　133

6.5　原始模板字面量　134
6.6　正则表达式　135
6.7　正则表达式字面量　139
6.8　修饰符（标志）　139
6.9　正则表达式和 Unicode 编码　140
6.10　RegExp 类方法　142
6.11　分组　143
6.12　正则表达式相关的字符串方法　145
6.13　关于正则替换的更多内容　147
6.14　奇异特性　148
练习题　150

第 7 章　数组与集合　153

7.1　创建数组　155
7.2　长度和索引属性　157
7.3　删除和新增元素　158
7.4　其他数组操作　160
7.5　生成元素　162
7.6　查找元素　163
7.7　访问所有的元素　164
7.8　稀疏数组　166
7.9　减少　168
7.10　map　171
7.11　set　173
7.12　weak map 和 set　174
7.13　typed array　175
7.14　数组缓冲区　178
练习题　179

第 8 章　国际化　183

8.1　本地化概念　185
8.2　指定本地环境　186
8.3　格式化数字　188

8.4 本地化日期和时间　190
　　8.4.1　格式化 Date 对象　190
　　8.4.2　日期范围　192
　　8.4.3　相对时间　192
　　8.4.4　格式化各个部分　192
8.5 比较规则　193
8.6 其他支持本地化设置的字符串方法　195
8.7 复数规则和列表　196
8.8 其他本地化特性　197
练习题　199

第 9 章　异步编程　201

9.1 JavaScript 中的并发任务　203
9.2 实现 promise　206
9.3 立即完结的 promise　209
9.4 获取 promise 的结果　210
9.5 promise 的链式调用　210
9.6 promise 的失败处理　213
9.7 执行多个 promise　214
9.8 多个 promise 的竞速　215
9.9 async 函数　216
9.10　async 返回值　218
9.11　并行 await　221
9.12　async 方法中的异常　222
练习题　223

第 10 章　模块　227

10.1　模块的概念　229
10.2　ECMAScript 模块　230
10.3　默认导入　231
10.4　具名导入　231
10.5　动态导入　232
10.6　导出　233

10.6.1 具名导出 233
10.6.2 默认导出 234
10.6.3 导出变量 235
10.6.4 重新导出 236
10.7 打包模块 237
练习题 238

第 11 章 元编程 241

11.1 symbol 243
11.2 定制 symbol 属性 245
11.2.1 定制 toString 245
11.2.2 控制类型转换 246
11.2.3 specy 247
11.3 属性的特性 248
11.4 枚举属性 250
11.5 测试单个属性 252
11.6 保护对象 252
11.7 创建或更新对象 253
11.8 访问和更新原型 254
11.9 克隆对象 254
11.10 函数属性 257
11.11 绑定参数和调用方法 258
11.12 代理 260
11.13 Reflect 类 262
11.14 proxy 不变量 265
练习题 267

第 12 章 迭代器与生成器 271

12.1 可迭代的数据类型 273
12.2 实现一个迭代器 275
12.3 可中断的迭代器 278
12.4 生成器 279
12.5 嵌套的 yield 表达式 281

12.6　将生成器函数作为消费者　283
12.7　生成器和异步处理　285
12.8　异步生成器和迭代器　287
练习题　290

第13章　TypeScript　295

13.1　类型注解　298
13.2　运行 TypeScript　299
13.3　类型术语　301
13.4　基本类型　302
13.5　联合类型　303
13.6　类型推断　305
13.7　子类型　309
　　13.7.1　替代规则　309
　　13.7.2　可选属性及多余属性　310
　　13.7.3　数组和对象类型的变换　311
13.8　类　313
　　13.8.1　类声明　313
　　13.8.2　类的实例类型　315
　　13.8.3　类的静态类型　316
13.9　结构类型　317
13.10　接口　318
13.11　索引属性　320
13.12　复杂函数参数　321
　　13.12.1　可选、默认和剩余参数　322
　　13.12.2　解构参数　323
　　13.12.3　函数类型型变　324
　　13.12.4　重载　326
13.13　泛型编程　328
　　13.13.1　泛型类和类型　329
　　13.13.2　泛型函数　330
　　13.13.3　类型绑定　331
　　13.13.4　类型擦除　332

13.13.5 泛型的型变　333
13.13.6 条件类型　334
13.13.7 映射类型　335
练习题　336

值与变量

本章内容

- 1.1 运行 JavaScript — 3
- 1.2 类型和 typeof 操作符 — 6
- 1.3 注释 — 7
- 1.4 变量声明 — 7
- 1.5 标识符 — 9
- 1.6 数字 — 10
- 1.7 运算符 — 12
- 1.8 布尔值 — 14
- 1.9 null 和 undefined — 14
- 1.10 字符串字面量 — 15
- 1.11 模板字面量 — 17
- 1.12 对象 — 18
- 1.13 对象字面语法 — 19
- 1.14 数组 — 21
- 1.15 JSON — 22
- 1.16 解构 — 23
- 1.17 高级解构 — 25
- 练习题 — 27

第 1 章

本章将讲解能够在 JavaScript 中操作的数据类型：数字、字符串等基本数据类型，以及对象和数组。内容包括如何将值存储在变量中、如何转换数据类型，以及如何使用运算符进行运算。

纵使最狂热的 JavaScript 程序员也不得不承认，JavaScript 中的某些语法——本意是帮助使用者写出简洁的程序——但由于各类原因，程序常常不按编写者的想法运行，因此最好能避免使用这些语法。在本章及后续的章节中，我会指出这些问题，并给出一些避免此类问题的简单规则。

1.1 运行JavaScript

在阅读本书时，读者可以用许多不同的方法来运行 JavaScript。

浏览器天生就可以执行 JavaScript 代码。我们可以在 HTML 中直接插入一段内容为 `window.alert` 的 JavaScript 代码，用这种方式在页面上展示一个值。例如，有如下一个文件：

```
<html>
    <head>
        <title>我的第一个 JavaScript 程序</title>
```

```
    <script type="text/javascript">
        let a = 6
        let b = 7
        window.alert(a * b)
    </script>
  </head>
  <body>
  </body>
</html>
```

直接用我们最常用的浏览器打开这个文件，浏览器会通过弹窗把结果展示出来，如图 1-1 所示。

图 1-1　在网页浏览器中运行 JavaScript 代码

我们还可以使用浏览器开发者工具中自带的控制台运行一些简单的指令。通过菜单选项或快捷键（在大多数浏览器中是<F12>或者<Ctrl+Alt+I>，在 Mac 中是<Cmd+Alt+I>）唤起开发者工具，切换到 Console 标签，然后就可以输入代码了，如图 1-2 所示。

第三个方法是安装一个 Node.js，打开终端并执行 node 程序，该程序启动 JavaScript 的"读取—求值—输出循环"（即 REPL）。输入命令即可看到结果，如图 1-3 所示。

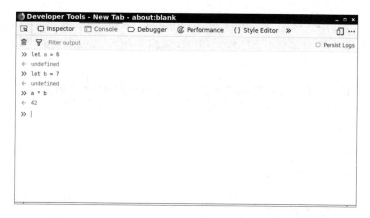

图 1-2　在开发者工具控制台运行 JavaScript 代码

图 1-3　用 Node.js REPL 运行 JavaScript 代码

对于更长的代码片段，我们可以把所有代码放在一个文件里，然后用 console.log 方法将运算结果输出到控制台。比如，将以下内容保存在名为 first.js 的文件中：

```
let a = 6
let b = 7
console.log(a * b)
```

然后执行：

```
node first.js
```

console.log 指令的输出就会被展示在终端上。

我们也可以用 Visual Studio Code、Eclipse、Komodo 或 WebStorm 等开发环境。这些开发环境能够让使用者轻松地编辑和执行 JavaScript 代码，如图 1-4 所示。

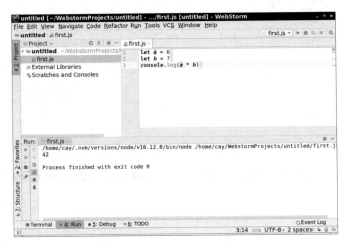

图 1-4　在开发环境中执行 JavaScript 代码

1.2　类型和typeof操作符

下面列出了所有 JavaScript 变量的类型。
- 数字
- 布尔值 false 和 true
- 特殊值 null 和 undefined
- 字符串
- 符号
- 对象

除对象外的所有类型被统称为基础类型。

除了第 11 章中讨论的符号，接下来的章节中会有关于其他数据类型的详细介绍。

我们可以通过 typeof 操作符来判断一个变量的类型（对变量执行 typeof 操作符会得到一个字符串，而在绝大多数情况下，它会是'number'、'boolean'、'undefined'、'object'、'string'、'symbol'中的一个），比如 typeof 42 的结果是 'number'。

备注：尽管 null 类型不属于 object 类型，但是 typeof null 的运行结果却是 'object'，这是一个历史原因。

注意：和 Java 一样，在 JavaScript 中，我们也可以对数字、布尔值、字符串等基础类型进行封包，比如，typeof new Number(42)和 typeof new String('Hello')的结果都是 'object'。但是在 JavaScript 中，完全没有必要对基础类型进行封包，而且封包会为代码带来很多歧义，所以现行的代码规范基本都禁止封包操作。

1.3 注释

JavaScript 有两种注释方式。单行注释用 // 开头，作用范围是从书写位置到本行末尾。

```
//像这样
```

使用 /* 和 */ 标记可以注释掉它们内部包裹的多行代码。

```
/*
  像
  这
  样
*/
```

用户在使用编辑器时，编辑器会通过颜色来区分注释。

备注：JavaScript 缺少 Java 中的文档类注释，但有些第三方工具可以提供类似的功能，比如 JSDoc。

1.4 变量声明

我们可以通过 let 命令将一个值存储到变量中：

```
let counter = 0
```

在 JavaScript 中，变量没有类型，我们可以随心所欲地在变量中存储任意类型的值。例如，把刚刚定义的变量 counter 的值替换成一个字符串：

```
counter = 'zero'
```

虽然在代码中动态修改变量数据类型的操作的确很糟糕，但是在某些场景下，使用无类型的变量进行编码能够更方便地写出适用于各种不同数据类型的通用代码。

如果一个变量没有被初始化，那么它的内容将是一个特殊的值——undefined：

```
let x // 声明 x 并设置为 undefined
```

> **备注**：也许读者已经发现上面的代码没有以分号结尾。JavaScript 和 Python 一样，并不一定需要在每行末尾添加分号。在 Python 中，插入非必要分号的行为被认为是"不符合 Python 主义"（unpythonic）的。但 JavaScript 开发者却在这个问题上各执己见，我会在第 2 章详细讨论正反双方的观点。通常来说，我对这种毫无意义的争辩没有任何兴趣，但在写这本书时，我不得不选择其中一种方式来编写示例。而我选择使用"无分号"的风格只有一个非常简单的原因——它和 Java 和 C++ 的代码风格差别很大，读者可以一眼就认出这是一段 JavaScript 代码。

对于一个永远不会修改的变量，我们应该使用 const 语句来声明它：

```
const PI = 3.141592653589793
```

任何对 const 声明的变量进行修改的尝试都会触发运行时错误。

也可以在一个 const 或 let 语句中声明多个变量：

```
const FREEZING = 0, BOILING = 100
let x, y
```

然而，很多程序员倾向于使用独立的声明语句分别声明每个变量。

> **注意**：请尽量避免使用 var 关键字或完全不用关键字声明变量。
>
> ```
> var counter = 0 // 废弃的
> coutner = 1 // 注意拼写错误，这会创建一个新变量
> ```

第 3 章中将详细介绍 var 声明的许多严重缺陷。"首次赋值时就创建"的行为也明显有很高的风险，如果你不小心拼写错了变量名，程序会自动使用错误的名称创建一个新的变量。为了避免出现这种问题，"严格模式"给出了特殊的限定，在严格模式下运行的代码，触发"首次赋值时就创建"的行为时会自动报错。第 3 章将讲解如何开启严格模式。

> **提示**：我在前言里列了五条黄金法则，读者如果认真遵循这些法则，就可以消灭绝大多数由"经典的" JavaScript 特性所导致的困惑。五条黄金法则中的前两条分别如下。
> 1. 使用 let 或 const 而不是 var 来声明变量。
> 2. 使用严格模式编码。

1.5 标识符

所有变量名必须遵循通用的标识符规则。一个标识符只能由 Unicode 字符、数字、_ 和 $ 字符组成，并且首字母不能是数字。以 $ 开头的名字一般被用在工具或者通用库中。有些程序员通过在标识符首或尾添加下划线来表示"私有"的含义。在进行编码时，应该尽量避免在标识符的开头或末尾使用 $ 和 _。虽然在标识符内部使用 _ 没有什么问题，但大多数 JavaScript 开发者还是更倾向于使用"以大写字符区分不同单词"的 _ 驼峰格式来编写标识符。

以下关键字为保留字，不能用作标识符：

```
break case catch class const continue debugger default delete do
else enum export extends false finally for function if import in instanceof
new null return super switch this throw true try typeof var void while with
```

在严格模式下，这些标识符也被认为是保留字而禁止使用：

```
implements interface let package protected private public static
```

下面这些关键字最近刚被加入语言规范中，为了保证向后兼容，使用它们作为标识符的代码还可以正常运行，但建议读者不要使用：

```
await as async from get of set target yield
```

> **备注**:我们可以在标识符中使用 Unicode 码表中的任意字符和数字,举例如下。
>
> `const` n = 3.141592653589793
>
> 但是,可能是因为许多程序员缺乏输入这些字符的输入法,所以我们很难在日常编码中见到这样的命名。

1.6 数字

JavaScript 没有明确的整型数字类型,所有的数字都是双精度浮点数。当然我们也可以使用整型值,而不用担心 1 和 1.0 的区别。有的读者可能会问如何保证数据的精度呢?所有介于 `Number.MIN_SAFE_INTEGER`(-2^{53}+1 或 9,007,199,254,740,991)和 `Number.MAX_SAFE_INTEGER`(2^{53}-1 或 9,007,199,254,740,991)之间的整型数都是精确的。这是一个比 Java 中的整型数范围更大的区间。计算结果在这个范围内的所有整型数算术运算都是准确的。如果计算结果超出了这个范围,程序会出现舍入错误。例如,`Number.MAX_SAFE_INTEGER * 10` 的运行结果是 `90071992547409900`。

> **备注**:如果整型数范围无法满足需求,那么我们可以使用"大整型数",它可以保存任意长度的数组,第 5 章将进行详细介绍。

和其他支持浮点数的编程语言一样,浮点型数据的极小数舍入误差是无法避免的。最为人熟知的便是在 Java、C++和 Python 等编程语言中都广泛存在的 `0.1 + 0.2` 等于 `0.30000000000000004` 的舍入错误。这是因为像 0.1、0.2 和 0.3 等十进制小数没有完全准确的二进制表示。所以当我们计算美元和美分时,最好用以"美分"为单位的整型数进行计算。

第 5 章将介绍数字的其他书写格式(比如十六进制)。

我们可以使用 `parseFloat` 或 `parseInt` 函数把字符串转化成数字:

```
const notQuitePi = parseFloat('3.14') // 数字 3.14
const evenLessPi = parseInt('3') // 整数 3
```

1.6 数字

toString 函数可以把数字转换回字符串：

```
const notQuitePiString = notQuitePi.toString() // 字符串 '3.14'
const evenLessPiString = (3).toString() // 字符串 '3'
```

> **备注**：从某些角度来看，JavaScript 更像 C++ 而不像 Java。比如，JavaScript 和 C++ 一样有函数和方法。parseFloat 和 parseInt 都是函数而非方法，所以不需要使用点运算符进行调用。

> **备注**：正如在前面的代码片段中提到的，我们可以直接使用数字字面量来调用方法，但必须用圆括号把数字包裹起来，以免编译器把这个点解释成十进制数字的小数点。

> **注意**：当在一个需要整型数的地方输入了浮点数时，会发生什么呢？这完全因场景而异。比如，在从字符串中提取子串的场景下，在表示位置的参数上输入一个浮点数，它的值会被向下取整（从小数点处截断）为一个整数。
>
> `'Hello'.substring(0,2.5) // 字符串 'He'`
>
> 但是当我们使用一个小数作为索引从字符串中取值时，结果会是 undefined：
>
> `'Hello'[2.5] // undefined`
>
> 当使用浮点数和整型数没有什么区别时，就没有必要对它们进行区分了。如果有非区分不可的场合，那么需要显式地调用 `Math.trunc(x)` 丢弃小数部分或者 `Math.round(x)` 进行四舍五入。

任何数除以零，结果都是 Infinity 或 -Infinity。尽管如此，0 / 0 的结果却是常量 NaN（即"Not A Number"）。

某些输出为数字的函数会通过返回 NaN 来表示输入值错误的情况，比如执行 parseFloat('pie') 的结果是 NaN。

1.7 运算符

JavaScript 有通用的加减乘除运算符，分别是+、-、*、/。需要注意的是，就算两个操作数都是整型的，/ 运算符也只会返回浮点型的结果。比如，在 Java 和 C++中执行 1/2 会返回 0，而在 JavaScript 中却是 0.5。

当两个操作数都是非负整数时，%运算符的行为和在 Java、C++、Python 中的一样，它会返回这两个操作数进行除运算时的余数。例如，假设有一个非负整数 k，当 k 是偶数时，k % 2 的结果是 0；当 k 是奇数时，k % 2 的结果是 1。

当 k 和 n 不满足条件时（有可能是负数，有可能是小数），k % n 的行为就是不停地从 k 中减 n，直到剩下的值小于 n 为止。例如，3.5 % 1.2 的结果是 1.1（即 3.5 - 1.2 * 2）。负数的情况详见本章练习题 3。

和 Python 一样，** 在 JavaScript 中表示幂运算（这个运算符可以一直追溯到 Fortran）。2 ** 10 = 1024，2 ** -1 = 0.5，2 ** 0.5 等于 $\sqrt{2}$。

算术运算的任何一个操作数是 NaN 时，其运算结果也是 NaN。

和在 Java、C++、Python 中一样，我们也可以把等号和运算符结合到一起使用：

`counter += 10 // 效果等同于 counter = counter + 10`

也可以使用 ++ 和 -- 运算符对变量做加 1 和减 1 的操作：

`counter++ // 效果等同于 counter = counter + 1`

 注意：与 Java 和 C++一样，JavaScript 也照搬了 C 语言中可以通过将++运算符写在变量前或变量后的方式来改变变量值的变动时机这一特性。

```
let counter = 0
let riddle = counter++
let enigma = ++counter
```

riddle 和 enigma 有什么区别么？如果你还是没有思路，那就再仔细分析一下前面的表述，要是还不行，那就亲手敲代码试试，最后如果实在没办法了，就求助一下神奇的因特网吧。虽然这种写法非常简洁，但我建议读者还是少用为妙。

有些人认为 counter += 1 比 counter++多不了几个字，而且这种写法的清晰度远比++和--要高，所以完全不应该在实际编程中使用++和--运算符。不过在本书中，我还是会在不使用运算结果的地方使用++和--运算符。

1.7 运算符

和在 Java 中一样，在 JavaScript 中，我们可以使用+运算符来拼接字符串。如果 s 是一个字符串，那么不管 x 是什么类型，JavaScript 都将把 x 转化为字符串，而后将它与 s 相连接，从而保证 s+x 和 x+s 只返回字符串。

例如：

```
let counter = 7
let agent = '00' + counter // 字符串 '007'
```

 注意：有的读者也许注意到了，当两个运算符都是数字时，x + y 会返回数字；而当任意一个是字符串时，它的结果都是字符串。除这两种情况以外，在两侧的数据为其他类型时，加号运算符还会有很多不同的行为，不过这些情况实在是太复杂了，而且没有什么用处。简而言之，基本是把两侧的值同时转成字符串或数字，然后加在一起。比如，null + undefined 会被转化为 0 + NaN，而后者的计算结果是 NaN（详见表 1-1）。其他的运算符相对来说简单许多，它们只会尝试着把参数转换为数字类型，比如，6 * '7' 的结果是 42，因为 * 运算将字符串 7 转换为了数字 7。

表 1-1 数字或字符串型转换对照表

值	转换为数字	转换为字符串
数字	无须转换	由该数字字面量组成的字符串
纯数字字符串	数字的值	无须转换
空字符串 ''	0	''
其他字符串	NaN	无须转换
false	0	'false'
true	1	'true'
null	0	'null'
undefined	NaN	'undefined'
空数组 []	0	''
只有一个数字元素的数组	该数字	由该数字组成的字符串
其他数组	NaN	将每个元素分别转换为字符串，并以逗号连接，例如 '1,2,3'
对象	可自定义，默认为 NaN	可自定义，默认 '[object Object]'

> **提示**：数学运算中不要依赖自动类型转换，自动类型转换规则非常晦涩难懂，而且容易造成意料之外的结果。如果你的确需要操作字符串或者只有一个子元素的数组，请先手动进行明确的类型转换。

> **提示**：推荐使用模板字面量（详见 1.11 节）来构造字符串，这样我们就不用再去死记硬背 + 运算符对非数字元素的隐式转换规则了。

1.8 布尔值

布尔型只有 true 和 false 两个值。在某些场景下，任何类型的值都可以被转换为布尔值。0、NaN、null、undefined 和空字符串都会被转换为 false，其他的都被转换为 true。

这种转换虽然看起来很简单，但是在随后的章节中，它也能导致非常令人迷惑的结果。为了减少这些疑惑，我们最好在任何时候都使用真正的布尔值。

1.9 null 和 undefined

JavaScript 有两种表示空值的方式。当变量被声明但是没有初始化时，它的值是 undefined，这在函数中很常见；当我们调用一个函数却没有传递参数时，参数变量的值是 undefined。

null 是专门用来表示空值的。

这个区别有什么意义呢？通常有两种不同的观点，一部分人认为同时使用两种"兜底"值很容易出错，所以应该尽量只使用一个。在这种情况下，应该用 undefined，因为在 JavaScript 中很难不用 undefined，但可以（在绝大多数情况下）避免使用 null。

另一个观点是，我们完全不应该设置一个变量为 undefined 或者让函数返回 undefined，而应该用 null 来替代它。这时，undefined 就意味着出现了严重的问题。

> **提示**：无论在什么项目中，都要明确指定使用某一种方式——用 null 或 undefined 表示空值。否则我们将陷入毫无意义的哲学讨论，以及没完没了地对 undefined 和 null 的空值检查中。

> **注意**：不同于 null，undefined 不是一个保留关键字，而是全局作用域的一个变量。在早期版本的 JavaScript 中，我们可以为全局的 undefined 变量赋值！这显然是一个极坏的主意。不过现在情况好多了，undefined 已经被定义为一个常量。虽然这还是一个坏主意，但我们还是可以把局部变量命名为 undefined。同理，不要用 NaN 和 Infinity 命名局部变量。

1.10　字符串字面量

字符串字面量是由单引号或双引号包裹起来的，比如 'Hello' 或 "Hello"。本书将使用单引号的格式。

如果需要在字符串中使用和表示字符串相同的引号类型，那么需要用反斜线进行转义。表 1-2 所示为使用反斜线以及其他控制字符进行转义。

比如，'\\\'\'\\\n' 是一个长度为 5 的字符串，它的内容是 \''\ 以及后面跟着的一个换行符。

表 1-2　特殊字符的转义序列

转义序列	名称	Unicode 值
\b	退格键	\u{0008}
\t	跳格	\u{0009}
\n	换行	\u{000A}
\r	回车	\u{000D}
\f	换页	\u{000C}
\v	纵向跳格	\u{000B}
\'	单引号	\u{0027}
\"	双引号	\u{0022}
\\	反斜线	\u{005C}
\下一行	继续到下一行	不做任何操作。例如： "Hel\\ lo" 相当于字符串 "Hello"

当在 JavaScript 字符串中插入 Unicode 字符时，我们可以直接输入或粘贴，然后为源文件设置合适的编码格式（比如 UTF-8）：

```
let greeting = 'Hello 🌐'
```

如果需要用 ASCII 编码来保存文件，那么可以用 `\u{code point}` 标记来表示 Unicode 字符：

```
let greeting = 'Hello \u{1F310}'
```

不幸的是，JavaScript 中的 Unicode 有一些非常扭曲的特性。如果想厘清其中的原由，那就必须要深挖 Unicode 的历史。在 Unicode 之前，美国、俄罗斯、中国等国家有着各不相同、互不兼容的编码格式，相同的字节序列在不同的环境下可能会展示不同的内容。

Unicode 的设计旨在解决这些问题。20 世纪 80 年代，在统一的工作刚刚开始时，人们认为 16 位代码足以编码世界上所有语言的所有字符，并且有足够的预留空间便于未来扩展。1991 年，Unicode 1.0 发布，只用了 65536 个代码值的不到一半。所以当 1995 年创造 JavaScript 和 Java 时，它们都使用 16 位序列的 Unicode 作为编码。

随着时间的流逝，无法避免的事情还是发生了。Unicode 总量超过了 65536 个字符，所以 Unicode 被扩展到了 21 位。现在大家都觉得这绝对够用了，但是 JavaScript 的编码还是停留在 16 位。

我们需要一些术语来解释一下这个问题是怎么解决的。每个 Unicode 码点的 21 位编码与字符都是一一关联的。JavaScript 使用 UTF-16 编码，在这个编码中，每个 Unicode 码点由一个或两个被称为代码单元的 16 位值构成。码值小于 `\u{FFFF}` 的字符只占用一个代码单元。所有其他字符都由两个代码单元组成，这两个代码单元取自不表示任何字符的编码的保留区。例如，`\u{1F310}` 是由 `0xD83C 0xDF10` 这个序列组成的。

我们不需要了解编码的详细原理，但需要知道某些字符只需要一个 16 位代码单元，而另一些字符需要两个。

例如，字符串 `'Hello 🌐'` 只包含 7 个 Unicode 字符，但它的"长度"却是 8（别漏掉了 Hello 和 🌐 之间的空格）。我们可以使用方括号运算符访问字符串的代码单元。表达式 `greeting[0]` 将返回由单个字母 `'H'` 组成的字符串，但是方括号运算符并不适配需要两个代码单元的字符。🌐 字符占用了 6 和 7 两个位置的代码单元。表达式 `greeting[6]` 和 `greeting[7]` 都是长度为 1 的字符串，每个字符串包含一个没有对应字符的单个代码单元。换句话说，它们不是正确的 Unicode 字符。

 提示：第 2 章将讲解如何使用 for of 循环遍历字符串的各个码点。

 备注：我们可以在字符串字面量中使用两个 16 位代码单元而非括号格式来表示 Unicode 字符，比如\uD83C\uDF10。而对于不超过 \u{0xFF} 的代码单元，我们可以使用"十六进制转义符"，比如用 \xA0 代替 \u{00A0}。不过我也没想明白这么做到底有什么优点。

第 6 章将讲解各种不同的字符串处理方法。

 备注：JavaScript 也支持正则表达式字面量，详见第 6 章。

1.11 模板字面量

模板字面量是可以包含表达式并跨越多行的字符串。这些字符串由反引号（`...`）包裹起来。比如：

```
let destination = 'world' // 普通字符串
let greeting = `Hello, ${destination.toUpperCase()}!` // 模板字面量
```

嵌在 ${...} 中的表达式会被执行，被转换为字符串（如有必要），而后嵌入模板中。上面这个例子的结果是字符串：

```
Hello, WORLD!
```

我们还可以在 ${...} 中嵌入一个表达式：

```
greeting = `Hello, ${firstname.length > 0 ? `${firstname[0]}.` : '' } ${lastname}`
```

模板字面量中的所有换行符都将被保留，例如：

```
greeting = `<div>Hello</div>
<div>${destination}</div>
`
```

是为 greeting 设置一个字符串的值：'<div>Hello</div>\n<div>World</div>\n'，这个字符串的每行后面都有一个换行符。（在 Windows 环境下，

以 \r\n 为换行的原文将在 Unix 环境下被转换为 \n。)

要在模板字面量中使用反引号、美元符号或反斜线，请使用反斜线对其进行转义：`` `\``\$\\ `` 是包含`` ` ``$\ 三个字符的字符串。

备注：在模板字面量之前加一个函数的写法叫作带标签的模板字面量，举例如下。

html`<div>Hello, ${destination}</div>`

在上面的示例中，我们将使用 '<div>Hello, ' 和 '</div>'，以及 destination 的值来调用 html 函数。

第 6 章将讲解如何自定义标签函数。

1.12 对象

JavaScript 对象和 Java 和 C++ 这种基于类的语言里的对象有很大不同。JavaScript 中的对象只是"键值对"或"属性"的集合，诸如：

{ name: 'Harry Smith', age: 42 }

这种对象既没有封装，也没有行为，只有公共变量。对象并不是任何特定类的实例。换句话说，它与传统的面向对象编程中的对象完全不同。第 4 章将讲解 JavaScript 中类和方法的声明方式，不过它的机制与绝大多数其他语言的有很大不同。

我们可以将对象存储在变量中：

const harry = { name: 'Harry Smith', age: 42 }

可以使用点符号来访问保存在变量中的对象的属性：

let harrysAge = harry.age

也可以修改已有的属性或添加新属性：

harry.age = 40
harry.salary = 90000

> **注意**：变量 harry 被声明为 const，但是就像前文提到的，我们可以修改它指向的对象内的属性，但不能修改 const 修饰的变量的值。
>
> ```
> const sally = { name: 'Sally Lee' }
> sally.age = 28 // 没问题，改变了 sally 指向的对象的属性
> sally = { name: 'Sally Albright' } // 报错，不能为 const 修饰的变量重新赋值
> ```
>
> 换句话说，const 更像 Java 中的 final，而不是 C++ 中的 const。

我们可以用 delete 操作符来删除属性：

```
delete harry.salary
```

访问不存在的属性会得到 undefined：

```
let boss = harry.supervisor // undefined
```

我们可以通过使用数组括号将表达式包裹起来的方式，将计算结果用作属性名：

```
let field = 'Age'
let harrysAge = harry[field.toLowerCase()]
```

1.13 对象字面语法

这是本章中级部分的第一节。刚刚开始学习 JavaScript 的读者不妨跳过带有此图标的章节。

对象字面量可以通过保留尾逗号的方式为后续添加属性提供便利，提高代码的可维护性：

```
let harry = {
    name: 'Harry Smith',
    age: 42, // 可以在后面插入新属性
}
```

在日常编码中，我们经常使用和变量名相同的属性名将变量插入对象中。例如：

```
let age = 43
let harry = { name: 'Harry Smith', age: age }
  // 使用 age 变量的值为 'age' 属性赋值
```

在这种情况下,我们可以使用简写:

```
let harry = { name: 'Harry Smith', age }   //age 属性现在是 43
```

对于在对象字面量中计算得出的属性名,应使用方括号:

```
let harry = { name: 'Harry Smith', [field.toLowerCase()] : 42 }
```

属性名只能是字符串,如果属性名不符合标识符规则,那么可以用对象字面量来引用它:

```
let harry = { name: 'Harry Smith', 'favorite beer': 'IPA' }
```

想要访问这种属性,不能用普通的点运算符,而要用括号:

```
harry['favorite beer'] = 'Lager'
```

这种属性名称并不常见,但有时用起来很方便。比如,我们可以创建一个属性名是文件名、属性值是对应文件的内容的对象。

 注意:在不同的语境下,大括号可以表示对象字面量或块语句。在同时满足两种语义的情况下,它会被优先按照块语句的语法进行解析。比如,在浏览器或者 Node.js 中输入如下内容。

```
{} - 1
```

大括号会被理解为块语句并执行,而后执行表达式 -1 并展示其结果。相反地,在如下表达式中:

```
1 - {}
```

{} 会被认为是一个空对象,在数学运算中被转换为 NaN,整个表达式的计算结果是 NaN,并被展示出来。

这种模糊的语法在实际工作中并不常见。我们一般会把对象字面量存储在变量中,或将其作为参数传递,又或是作为结果返回。在这些情况下,解析器都不会把它解析成块语句。

如果你曾经遇到过将对象错误地解析为块语句的情况,那么有一个很简单的补救方法:用括号把它包裹起来。1.16 节中有类似的例子。

1.14 数组

在 JavaScript 中，数组也是对象，只是它的属性名是字符串格式的 `'0'`、`'1'`、`'2'`。（使用字符串是因为数字不能用作属性名。）

可以通过使用方括号将元素包裹起来的方式声明数组字面量：

`const numbers = [1, 2, 3, 'many']`

这是一个有 `'0'`、`'1'`、`'2'`、`'3'` 和 `'length'` 共 5 个属性的对象。

`length` 属性的值是一个比索引的最大值大 `1` 的数字。上文中变量 `numbers.length` 的值是 4。

我们需要使用方括号访问前 4 个属性：`numbers['1']` 的值是 `2`。方便起见，方括号内的参数会自动转换为字符串。所以我们可以直接写作 `numbers[1]`，这会给人造成一种正在使用 Java 或 C++ 等有数组类型的语言的错觉。

数组并不要求其内保存的数据类型必须相同，比如 `numbers` 数组就存储了 3 个数字和一个字符串。

数组也不要求每个位置都必须有元素：

`const someNumbers = [ , 2, , 9] // 没有属性'0', '2'`

和其他的对象一样，不存在的属性的值是 `undefined`，比如 `someNumbers[0]` 和 `someNumbers[6]` 的值都是 `undefined`。

我们也可以直接在数组末尾添加新元素：

`someNumbers[6] = 11 // 现在 someNumbers 的长度是 7`

注意，与所有对象一样，我们可以修改 `const` 修饰的数组所拥有的属性。

> **备注**：尾逗号并不代表数组缺少元素。例如 `[1, 2, 7, 9, ]` 有 4 个元素，最高索引值为 `3`。与对象字面量一样，我们可以在数组末尾追加尾逗号以便后续扩展，举例如下。
>
> ```
> const developers = [
> 'Harry Smith',
> 'Sally Lee',
> // 在后面追加更多元素
> ]
> ```

由于数组是对象,所以我们可以任意给它添加属性:

```
numbers.lucky = true
```

这在 JavaScript 中并不常见,但是这么写一点问题也没有。

对数组变量使用 `typeof` 操作符将总是返回 `'object'`,如果想要检测一个对象到底是不是数组,可以用 `Array.isArray(obj)`。

当把一个数组转换为字符串时,系统默认把所有元素都转换为字符串,并使用逗号连接。例如:

```
'' + [1, 2, 3]
```

其结果是字符串 `'1,2,3'`。

长度为 0 的数组将被转换为一个空字符串。

和 Java 一样,JavaScript 也没有多维数组的概念,但是我们可以使用嵌套数组的方法来模拟。例如:

```
const melancholyMagicSquare = [
  [16, 3, 2, 13],
  [5, 10, 11, 8],
  [9, 6, 7, 12],
  [4, 15, 14, 1]
]
```

然后,使用两个方括号运算符来访问其中保存的元素:

```
melancholyMagicSquare[1][2] // 11
```

第 2 章将讲解如何遍历数组中的每个元素。第 7 章将全面介绍数组的所有方法。

1.15 JSON

JSON(JavaScript Object Notation)是用于在应用之间交换数据的轻量级文本格式(它并不一定是由 JavaScript 实现的)。

一言以蔽之,JSON 使用了 JavaScript 中描述对象和数组的语法,但还有如下一些限制。

- 值只能是对象字面量、数组字面量、字符串、浮点数,以及 `true`、`false` 和 `null` 中的一种。

- 所有字符串都用双引号而不是单引号包裹。
- 所有属性名称都用双引号包裹。
- 没有尾逗号或空元素。

下面是一个 JSON 字符串的例子：

`{ "name": "Harry Smith", "age": 42, "lucky numbers": [17, 29], "lucky": false }`

JSON.stringify 方法将 JavaScript 对象转换为 JSON 字符串，而 JSON.parse 函数将 JSON 字符串解析为 JavaScript 对象。我们在用 HTTP 协议与服务器通信时会经常用到这些方法。

注意：JSON.stringify 方法会丢弃值为 undefined 的对象属性，并将值为 undefined 的数组元素转换为 null。比如，JSON.stringify({ name: ['Harry', undefined, 'Smith'], age: undefined })的结果是字符串 '{"name": ["Harry",null,"Smith"]}'。

一些程序员使用 JSON.stringify 方法记录日志。比如：

`console.log('harry=${harry}')`

会返回一个毫无意义的结果：

`harry=[object Object]`

补救方案是使用 JSON.stringify：

`console.log('harry=${JSON.stringify(harry)} ')`

注意，只有包含对象的字符串才会出现这个问题。如果我们直接输出这个对象，控制台会把它非常完美地展示出来。一个简单的替代方法是把字符串和值分开输出：

`console.log('harry=', harry, 'sally=', sally)`

更进一步，直接把它们放到对象里：

`console.log({harry, sally}) // 输出对象 { harry: { ... }, sally: { ... } }`

1.16 解构

解构是一种从数组或对象中获取值的便捷语法。与本章中的其他中级内容一样，请读者量力而行，如果没有准备好，那么请跳过这一节。

在本节中，我们先从基本语法开始讲解，后面再介绍一些更精细的知识点。

我们先从数组开始，假设你有一个包含两个元素的数组，名为 pair，简单来说，你可以这样从中取值：

```
let first = pair[0]
let second = pair[1]
```

使用解构语法可以这么写：

```
let [first, second] = pair
```

该语句声明了变量 first 和 second，然后使用 pair[0] 和 pair[1] 的值对它们进行初始化。

解构语法的左边部分实际上并不是一个数组字面量，毕竟 first 和 second 这时都还不存在，我们可以把左边部分看作变量名与右侧的变量内部结构进行匹配的对应位置关系的描述。

来看下面这个更复杂的例子，观察变量是如何与数组元素配对的：

```
let [first, [second, third]] = [1, [2, 3]]
  // first = 1, second = 2, third = 3
```

右侧的数组可以比左侧的匹配模型长，未匹配的元素被直接忽略：

```
let [first, second] = [1, 2, 3]
```

如果右侧的数组更短一些，那么未匹配到的变量将被赋值 undefined：

```
let [first, second] = [1]
  // first = 1, second = undefined
```

如果已经声明了变量 first 和 second，那么可以使用解构为它们设置新值：

```
[first, second] = [4, 5]
```

> **提示**：如果我们要交换变量 x 和 y 的值，只需简单地使用解构赋值 [x,y] = [y,x]。

使用解构赋值时，左侧并不一定必须是变量。它可以是任何形式的"左值"表达式。例如，下面也是有效的解构：

```
[numbers[0], harry.age] = [13, 42] // 等效于 numbers[0] = 13; harry.age = 42
```

解构对象的语法也十分相似，只是用属性名匹配替代了数组的位置匹配：

```
let harry = { name: 'Harry', age: 42 }
let { name: harrysName, age: harrysAge } = harry
```

这段代码声明了 `harrysName` 和 `harrysAge` 两个变量，并使用右侧对象的 `name` 和 `age` 属性值对其进行了初始化。

切记，解构赋值的左侧部分不是对象字面量。它只是用来描述变量名如何与右侧变量进行匹配的模式模板。

当变量名和属性名一致时，最适合使用对象解构赋值的语法。在这种情况下，我们可以省略属性名称和冒号。这条语句声明了两个变量 `name` 和 `age`，并使用右侧对象内相同名称的属性对它们进行初始化：

```
let { name, age } = harry
```

等价于：

```
let { name: name, age: age } = harry
```

也等价于：

```
let name = harry.name
let age = harry.age
```

 注意：如果使用对象解构为已有的变量赋值，那么一定要用括号将赋值表达式包裹起来。

({name, age} = sally)

否则，JavaScript 引擎会将左侧大括号解析为语句块的起始。

1.17　高级解构

在上一节中，我们重点讨论了解构语法中最简单、最引人注目的部分。在本章的高级部分中，你将看到更为强大但不是很直观的其他特性。和前面一样，请读者量力而行，等熟悉 JavaScript 基础后再回过头来看这一节也不迟。

1.17.1 对象解构详谈

我们可以通过以下语句解构一个嵌套的对象：

```
let pat = { name: 'Pat', birthday: { day: 14, month: 3, year: 2000 } }
let { birthday: { year: patsBirthYear } } = pat
  // 声明变量 patsBirthYear 并初始化为 2000
```

再次提醒，第二条命令的左侧不是一个对象，而是用于描述如何与右侧进行匹配的模板。它等价于：

```
let patsBirthYear = pat.birthday.year
```

和对象字面量一样，这里也支持使用计算结果值作为属性名：

```
let field = 'Age'
let { [field.toLowerCase()]: harrysAge } = harry
  // 使用 harry[field.toLowerCase()] 的值为变量赋值
```

1.17.2 剩余参数声明

在解构数组时，我们可以通过在变量前加 ... 的方式将未读取的所有剩余元素保存到一个数组中：

```
numbers = [1, 7, 2, 9]
let [first, second, ...others] = numbers
  // first = 1, second = 7, others = [2, 9]
```

如果右侧的数组没有足够的元素，那么剩余参数变量会被赋值为一个空数组：

```
let [first, second, ...others] = [42]
  // first = 42, second = undefined, others = []
```

剩余参数声明语法同样适用于对象：

```
let { name, ...allButName } = harry
  // allButName = { age: 42 }
```

allButName 会被赋值为一个包含 harry 中所有属性（除 name 属性以外）的对象。

1.17.3 默认值

我们可以为每个变量提供一个默认值，如果我们需要的值在对象或数组中不存在，或者是 `undefined`，那么就使用默认值。通过在变量名后放置 `=` 和表达式的方式来使用这一语法：

```
let [first, second = 0] = [42]
  // first = 42，而因为右侧没有匹配的元素，second = 0
let { nickname = 'None' } = harry
  // 因为 harry 没有 nickname 属性，所以 nickname = 'None'
```

默认值表达式可以读取此前定义的变量中的值：

```
let { name, nickname = name } = harry
  //  name 和 nickname 都被赋值为 harry.name 的值
```

下面是一个典型的使用默认值解构赋值的例子。假设一个用于描述执行过程的对象（比如格式化）没有提供某个属性，那么就需要使用默认值：

```
let config = { separator: '; ' }
const { separator = ',', leftDelimiter = '[', rightDelimiter = ']' } = config
```

在本例中，`separator` 变量被初始化为自定义的分隔符，但是由于 `config` 中没有提供 `delimiters` 的值，所以它们被设置为默认值。相比于查找每个属性并检查其是否被定义后再为未定义的属性提供默认值，解构语法要简洁得多。

第 3 章中将讲解一个类似于解构被用作函数参数的例子。

练习题

1. 将 `NaN`、`Infinity`、`false`、`true`、`null` 和 `undefined` 分别与 `0` 相加，会发生什么？将它们与空字符串相加呢？先想一想，然后试着验证。

2. `[] + []`，`{} + []`，`[] + {}`，`{} + {}`，`[] - {}` 的结果分别是什么？直接在命令行中执行与将它们的值分别保存在变量中会有什么不同？请解释你看到的现象。

3. 和在 Java 与 C++ 中一样（Python 可能不太一样，因为它遵循了长久以来的数学经验），在 JavaScript 中，如果 `n` 为负整数，则 `n % 2` 的结果为 `-1`。

探究操作数为负数时 `%` 运算符的行为，再用同样的方法分析整数和浮点数的情况。

4．假设 `angle` 变量是以度为单位的某个角度，在通过一定的加减运算后变成了一个不确定的值。请用 `%` 对它进行标准化，使它的值在一个合理区间（0（含）到 360（不含））内。

5．使用本章提到的机制，尽可能多地列出在 JavaScript 中生成内容为 `\\` 的字符串的方法。

6．尽可能多地列出在 JavaScript 中生成内容为单个 ⊕ 字符的字符串的方法。

7．请写出一个含有内嵌表达式的模板字面量，且该内嵌表达式包含另一个模板字面量和一个内嵌表达式。

8．写出 3 种生成在索引序列中带"洞"的数组的方法。

9．请声明一个数组，其中元素的索引位置为 0、0.5、1、1.5 和 2。

10．将二维数组转换为字符串，会发生什么？

11．定义两个代表人的对象，将其保存在变量 `harry` 和 `sally` 中，并给每个人加上一个包含各自好朋友的数组属性 `friends`。假如 `harry` 和 `sally` 互为好友，当记录这两个对象时，会发生什么？如果使用 `JSON.stringify`，会发生什么？

控制结构

本章内容

2.1 表达式和语句 — 31
2.2 自动分号插入 — 33
2.3 分支 — 36
2.4 布尔值转换 — 38
2.5 数值比较 — 39
2.6 混合比较 — 40
2.7 布尔运算符 — 42
2.8 switch 语句 — 44
2.9 while 和 do 循环 — 45
2.10 for 循环 — 46
2.11 跳出（break）与跳过（continue） — 50
2.12 捕获异常 — 52
练习题 — 54

第 2 章

本章将讲解 JavaScript 语言的控制结构——分支、循环和异常捕获，并介绍 JavaScript 语句以及分号的自动插入规则。

2.1 表达式和语句

和 Java、C++ 一样，JavaScript 的表达式和语句也有所不同。表达式总是有"值"的，比如值为 42 的数学表达式 6 * 7 以及函数调用 `Math.max(6, 7)`。

与之相反，语句是没有"值"的，执行语句是为了实现某些效果。比如：

```
let number = 6 * 7;
```

就是一个效果为"声明并初始化一个数字变量"的语句。我们一般称这种语句为变量声明。

除变量声明外，本章还将介绍两种常见的语句——分支和循环。

表达式语句由一个表达式和跟在表达式后面的一个分号组成，是最简单的语句类型。比如：

```
console.log(6 * 7);
```

表达式 `console.log(6 * 7)` 的作用是在控制台输出 42，并由 `console.log` 函数返回返回值 `undefined`，`console.log` 并不会返回结果。不过无论函数本身返回什么，这个返回值最终还是会被该表达式语句抛弃。

因此，表达式语句只有在有副作用的表达式中才能发挥作用。如下表达式语句是一个合法的 JavaScript 语句，但它并没有发挥任何实质性的作用：

6 * 7;

理解表达式和语句之间的区别是很有用的，但是在 JavaScript 中，想要弄清楚表达式和表达式语句之间的区别还是有一点棘手的。下一节中将介绍 JavaScript 的自动添加分号特性，在每一条单行书写的表达式后自动添加分号，可以将其转化成表达式语句。正因如此，我们无法在浏览器控制台或 Node.js 中直接观察一个表达式。

比如，我们在控制台中输入一个 6 * 7，控制台会直接显示这个表达式的执行结果：

6 * 7
42

这就是"读取—求值—输出"（也有人叫它 REPL）的工作循环。它读取表达式、执行表达式，最后输出结果。

自动插入分号的功能会自动处理输入值，所以 JavaScript REPL 实际接收到的输入是这样的：

6 * 7;

虽然这个语句没有输出值的操作，但 JavaScript REPL 还是会自动显示这个语句的运行结果。

下面尝试输入一个变量声明语句：

let number = 6 * 7;
undefined

可以看到，对于一个表达式语句，REPL 会自动展示它的运算结果；而输入一个变量声明语句，REPL 只会展示 undefined。练习题 1 会给出 REPL 中其他类型语句的输出情况。

我们在 REPL 中进行试验时，必须非常清楚它的输出含义。比如下面这段输入和输出：

console.log(6 * 7);
42
undefined

第一行输出是 `console.log` 函数调用的副作用。第二行是这个语句执行的返回值。前文提到过，`console.log` 语句的返回值是 `undefined`。

2.2　自动分号插入

在 JavaScript 中，某些语句必须以分号结尾。最常见的有变量声明、表达式语句、非线性流程控制语句（`break`、`continue`、`return`、`throw`）。不管怎样，JavaScript 会自动帮我们插入分号。

它的基本规则很简单，解析器在处理语句时会持续读入它所遇到的每个标记，直到遇到分号或者"不合适的标记"（不应该出现在当前语句中的标记）时才会停止。如果这个不合适的标记前面有换行、}或输入中止，解析器会自动添加一个分号。

比如：

```
let a = x
  + someComplicatedFunctionCall()
let b = y
```

因为第二行的第一个标记 `+` 并非"不合适"，所以解析器不会在第一行的末尾自动添加分号。

但是第三行行首的 `let` 是"不合适的"，它不能被当作前一个变量声明的一部分进行解析。由于"不合适的"标记总在行末之后，所以会在第二行行尾自动添加分号：

```
let a = x
  + someComplicatedFunctionCall();
let b = y
```

上面所说的"不合适标记"规则简单且适用于绝大多数情况。但是当下一个语句的起始标记是一个"合适的标记"时，这条规则就会失效。看看下面这个例子：

```
let x = a
(console.log(6 * 7))
```

解析器不会在 `a` 的后面添加分号。

从语法上来讲，下面是一句合理的 JavaScript：

```
a(console.log(6 * 7))
```

它使用 console.log 的返回值作为参数，调用另一个函数 a。换句话说，第二行行首的（是一个"合适的标记"。

当然，上面这个例子是"人为构造的"。我们没有必要在 console.log(6 * 7) 外面加一层括号。举一个较为通用的例子：

```
let a = x
[1, 2, 3].forEach(console.log)
```

因为在 x 后添加 [标记是"合适的"，所以解析器不会自动添加分号。因此如果想要这段代码按照你的想法运行，就需要把数组存在一个变量里：

```
let a = x
const numbers = [1, 2, 3]
numbers.forEach(console.log)
```

> 提示：不要使用（或 [作为语句开头，这样就无须担心解析器把第二行语句作为第一行语句的延续了。

> 备注：在前一行没写分号的情况下，以模板字符串或正则表达式开头的语句会被连到上一行的语句中，举例如下。
>
> ```
> let a = x
> 'Fred'.toUpperCase()
> ```
>
> 这里，x 'Fred' 会被当成一个标记模板文本进行解析。不过我们在平时工作中一般不会这么写，而会把字符串表达式和正则表达式当作值赋给变量，在这种情况下，我们不会把字符串和正则表达式放在句首的位置。

自动分号插入的第二条规则更容易造成问题。解析器会自动在非线性流程控制语句（break、continue、return、throw、yield）后面的换行处添加分号。比如：

```
return
    x + someComplicatedExpression;
```

解析器会这样添加分号：

```
return ;
 x + someComplicatedExpression;
```

这会导致当前函数运行后没有给外部返回结果值，并且程序也永远不会执行 return 语句下一行的表达式语句。

这种情况的补救措施也很烦琐，不要在 return 之后直接换行，而要把返回值表达式的一部分语句从下一行提前到 return 语句后面：

```
return x +
 someComplicatedExpression;
```

就算我们百分百保证在所有需要加分号的地方都加了分号，还是需要注意这条规则。

除了"不合适的标记"和"非线性流程控制语句"规则，还有一条神奇的规则。下一行的行首是 ++ 或 -- 时，自动在本行行尾添加分号。

比如，我们看到的是：

```
x
++
y
```

解析器看到的是：

```
x;
++y;
```

当然，只要我们保证一直在同一行书写 ++ 运算符和它的操作数，就完全没有必要担心这个问题。

自动添加分号是这门语言的一部分，在日常工作中也非常有用，是否手写分号完全取决于个人习惯。提醒读者，不论你是否手写分号，都需要注意上面提到的特殊情况。

 备注：分号只会被插入在换行符和 } 之前。如果我们要在同一行中书写多个语句，那么要显式书写分号。

```
if (i < j) { i++; j-- }
```

比如上面这种情况,我们就需要用分号来分隔 i++ 和 j-- 这两个语句。

2.3 分支

熟悉 C、C++、Java 或 C#的读者安全可以放心地跳过本节。

JavaScript 中的条件语句是这么写的:

if (*condition*) *statement*

我们应该用括号将判断的条件包裹起来。

> **提示**:尽管 JavaScript 能够非常智能地通过自动类型转换将用户输入的条件值转换为布尔型,但我仍然推荐读者尽量保证条件语句返回 true 或 false 等布尔型值。下一节将说明为什么自动类型转换是反直觉和危险的,总之无论如何,请一定要遵循前言中的第 3 条黄金法则明确变量类型,避免自动类型转换。

当条件满足时,我们通常想执行多条语句,这时"语句块"就显得非常有用了:

```
{
    statement₁
    statement₂
    ...
}
```

当条件不满足时,程序会执行 else 从句(如果有),比如:

```
if (yourSales > target) {
    performance = 'Good'
    bonus = 100
} else {
    performance = 'Mediocre'
    bonus = 0
}
```

> **备注**:在本例中,我们使用了 JavaScript 中最常见的一种编码风格——将左大括号放在判断条件所在行的行尾,这种编码风格叫作"1TBS"样式。

2.3 分支

如果需要在 else 后面接其他的 if 语句，我们一般这么做：

```
if (yourSales > 2 * target) {
    performance = 'Excellent'
    bonus = 1000
} else if (yourSales > target) {
    performance = 'Good'
    bonus = 100
} else {
    performance = 'Mediocre'
    bonus = 0
}
```

如果判断语句后面只需要执行单句语句，那么我们可以省略包裹它的大括号：

```
if (yourSales > target)
    bonus = 100
```

 注意：如果你习惯于在写 if else 语句时不使用"1TBS"格式，甚至直接不用大括号，那么你写的代码可能可以在文件里正常运行，但粘贴到 JavaScript 控制台中就会运行失败，举例如下。

```
if (yourSales > target)
bonus = 100
else
bonus = 0
```

某些 JavaScript 控制台环境是逐行解析执行的，这时 if 语句和 else 语句会被分成两步执行，从而导致 else 语句丢失上下文，进而报错。为了避免这种问题，建议读者使用括号或把整个 if else 语句压缩到同一行里：

```
if (yourSales > target) bonus = 100; else bonus = 0
```

有时我们很需要一个更简洁的 if 语句，如下是一个求较大值的例子：

```
let max = undefined
if (x > y) max = x; else max = y
```

我们只是想简单地比较 x 和 y，将其中比较大的那个初始化为 max，但因为 if 是一个"语句"，所以我们不能直接这么写：

```
let max = if (x > y) x else y // 报错，if 语句错误
```

或者我们还可以使用?:，即"三目运算符"。在 condition ? first : second 表达式中，如果 condition 返回为真，就执行 first 位置的语句，否则执行 second 位置的语句。这很好地解决了我们的问题：

```
let max = x > y ? x : y
```

 备注：这里我们用 x > y ? x : y 表达式获取两个数字中的较大值，只是为了方便读者理解三目运算符的作用，在实战中请务必使用标准库中的 Math.max 函数。

2.4 布尔值转换

本节献给 JavaScript 中的"疯帽匠"——那些令人迷惑的 JavaScript 语言特性。如果读者认真遵循了前言里的建议，一直用布尔值当判断语句的条件，那么可以跳过这一节。

我们平时写 JavaScript 时，不需要一定在判断条件（比如 if 语句）中写布尔值。只要在判断条件中写入一个含义为假（falsish，也可以说"falsy"）的值，判断语句就不会成立（比如 0、NaN、null、undefined、空字符串）。任何判断语句成立、为"真"的值，我们都称其为"truish"（也可以说"truthy"）的。虽然这些俗称早已有之，但这些都不是语言规范中的官方术语。

 备注：布尔值转换规则在所有需要判断语句的情况下都成立，无论是循环的判断条件、布尔值运算符||、&&、!，还是三目运算符?:的第一位，后文都会讲到。

布尔转换规则看似很合理，但假设现在有一个变量 performance，我们想在它的值不为 undefined 时进行某些操作，一般会这么写：

```
if (performance) ... // 危险
```

这段代码在 `performance` 值为 `undefined`，以及 `performance` 值为 `null` 时，判断语句不成立，也不会执行其内包含的代码。

此外，`performance` 为空字符、数字 0 时，判断条件也不成立。思考一下，我们真的想把这些情况都和没有为 `performance` 赋值时一样处理么？不一定吧？所以写代码时还是要把判断条件写清楚：

```
if (performance !== undefined) ...
```

2.5　数值比较

JavaScript 有几种常见的比较运算符：

`<`　小于
`<=`　小于等于
`>`　大于
`>=`　大于等于

用它们直接进行数字比较，结果非常符合预期：

```
3 < 4 // true
3 >= 4 // false
```

任何涉及 `NaN` 的比较结果都是 `false`：

```
NaN < 4 // false
NaN >= 4 // false
NaN <= NaN // false
```

比较运算符也能用来对比字符串，它使用字典顺序作为判断规则：

```
'Hello' < 'Goodbye' // false，H 的顺序在 G 之后
'Hello' < 'Hi' // true，e 的顺序在 i 之前
```

使用 `<`、`>`、`<=`、`>=` 进行比较时，要确保运算符两边的值类型均为数字或字符串。如果无法确定，就用显示类型转换让它们变成同一种类型。否则 JavaScript 会替你进行自动类型转换，而自动类型转换的结果有时并不符合预期，稍后举例说明。

我们一般用如下运算符判断是否相等：

`===`　严格相等
`!==`　严格不等

这两个运算符很好理解：不同类型的值永远严格不等。undefined 和 null 永远只严格等于自己；对于数字、布尔值、字符串，只有在值相等时才严格相等：

```
'42' === 42 // false，不同类型
undefined === null // false
'42' === '4' + 2 // true，同为值为'42'的字符串
```

既然有严格相等，那么也有"宽松相等"，== 和 != 运算符可以用来比较不同类型的变量。下一节会介绍它的原理，虽然用处不大。

 注意：当你要判断一个变量是否等于 NaN 时，不要用

```
x === NaN
```

因为 NaN 不等于任何值，不过 JavaScript 早就提供了解决办法——使用 Number.isNaN(x)。

 备注：除了 Object.is(+0, -0) 结果为 false 以及 Object.is(NaN, NaN) 结果为 true，Object.is(x, y) 的结果和 x === y 几乎一模一样。

跟 Java、Python 一样，判断对象（包括数组）是否相等就是在判断两个变量是否都指向同一个对象，只要它们不指向同一个对象，那么即使两个对象的内容完全相同，判断的结果也不相等。

```
let harry = { name: 'Harry Smith', age: 42 }
let harry2 = harry
harry === harry2 // true，两变量指向同一个对象
let harry3 = { name: 'Harry Smith', age: 42 }
harry === harry3 // false，不同的对象
```

2.6　混合比较

这又是一个"疯帽匠"章节，本节介绍 JavaScript 另一个让人迷惑的特性。如果读者遵守第 3 条黄金法则——不进行混合类型比较，尤其是"弱相等比较运算符"（== 和 !=)，那么完全可以跳过本节。

2.6 混合比较

下面来看 `<`、`<=`、`>`、`>=` 运算符的混合类型比较。

如果运算符一侧是数字，就把另一侧也转换为数字。当另一侧是字符串时，如果内容为纯数字，那么就转换为对应数字；如果内容为空字符串，就转换为 `0`。其他情况都转换为 NaN。NaN 与任何值比较的结果都是 `false`，就算是 NaN <= NaN 也一样。

```
'42' < 5 // false, '42' 被转换为数字 42
'' < 5 // true, '' 被转换为数字 0
'Hello' <= 5 // false, 'Hello' 被转换为 NaN
5 <= 'Hello' // false, 'Hello' 被转换为 NaN
```

把运算符的另一边换成数组：

```
[4] < 5 // true, [4] 被转换为数字 4
[] < 5 // true, [] 被转换为数字 0
[3, 4] < 5 // false, [3, 4] 被转换为 NaN
```

如果运算符两边都不是数字，就直接把两边都转换为字符串。这种比较基本没什么用：

```
[1, 2, 3] < {} // true, [1, 2, 3] 被转换为 '1,2,3', {} 被转换为 '[object Object]'
```

下面我们仔细来看宽松比较 `x == y`，它大概是按照如下规则运行的。

- 如果两侧类型相同，则使用严格比较的规则。
- `null` 和 `undefined` 互相之间宽松相等，但不等于其他值。
- 如果两侧中有一侧是数字，另一侧为字符串，就把另一侧转换为数字，再使用严格比较的规则。
- 如果两侧中有一侧是布尔值，就把两侧都转换为数字，再使用严格比较的规则。
- 如果有一侧是对象但另一侧不是，就把对象转换为原始类型（详见第 8 章），然后使用宽松比较规则进行比较。

比如：

```
'' == 0 // true, '' 被转换为数字 0
'0' == 0 // true, '0' 被转换为数字 0
'0' == false // true, 两边都被转换为数字 0
undefined == false // false, undefined 只等于它自己和 null
```

再来看 `''` 和 `'0'`，它们都"等于" 0，但是互相却不"相等"。

```
'' == '0' // false，两边都是字符串时不进行类型转换
```

如上所示，宽松比较真的没什么用，还会引发不易察觉的错误。使用严格比较（=== 和 !==）可以有效规避这种问题。

> 备注：宽松比较 x == null 实际上会比较 x 是否为 null 和 undefined 中的一个，而 x != null 则会比较 x 是否不等于 null 或 undefined。很多程序员早早就抛弃了宽松比较，以便规避这种令人迷惑的语言行为。

2.7 布尔运算符

JavaScript 有 3 个布尔运算符：

&& 与
|| 或
! 非

x 和 y 均为 true 时，表达式 x && y 的值为 true；x 和 y 中有任何一个值为 true 时，表达式 x || y 的值为 true；x 的值为 false 时，表达式 !x 的值为 true。

&& 和 || 运算符都是懒执行的，如果左侧的值已经决定了表达式的值（&& 运算符的左侧出现了 false，|| 运算符的左侧出现了 true），那么表达式右边的部分就不会被执行。这个特性非常有用，比如：

```
if (i < a.length && a[i] > 0) // 当 i ≥ a.length 时，a[i] > 0 不会被执行
```

如果 && 和 || 运算符两边的操作数不是布尔值，它还有一个神奇的转换行为，运算符会在两个操作数中选择一个作为整个表达式的结果。如果左侧的操作数能够决定表达式的结果，那么整个表达式的执行结果就是左侧的操作数，右侧的操作数也不会被执行；如果不能，那么表达式的执行结果就是右侧的操作数。

比如：

```
0 && 'Harry' // 0
```

```
0 || 'Harry' // 'Harry'
```
有人试着利用这种行为特性进行编码，比如：

```
let result = arg && arg.someMethod()
```

这段代码的目的是在执行方法前验证 `arg` 值不是 `undefined` 或 `null`。如果确实不是，那么结果直接返回 `undefined` 或 `null`。不过，如果 `arg` 值为零、空字符串或 `false`，也不会执行对应的函数。

另一种常用场景是为返回 `undefined` 或 `null` 的函数提供默认值：

```
let result = arg.someMethod() || defaultValue
```

当函数运行结果为零、空字符串、`false` 时，也不会执行对应的函数。

我们需要一个能够在值为 `undefined` 或 `null` 时才会执行表达式的方法。现在已经有两个可以解决这个问题的特性进入了 stage 3 提案，它们很有可能会被未来某个版本的 JavaScript 采纳为新特性。

表达式 `x ?? y` 会在 `x` 不为 `undefined` 或 `null` 时返回 `x`，其他情况下返回 `y`。如下表达式：

```
let result = arg.someMethod() ?? defaultValue
```

只有在函数返回 `undefined` 或 `null` 时，才会使用默认值 `defaultValue`。

表达式 `x?.propertyName` 会在 `x` 值不为 `undefined` 或 `null` 时返回对应名称的属性，否则返回 `undefined`。比如：

```
let recipient = person?.name
```

只要 `person` 的值不是 `undefined` 或 `null`，`recipient` 就会被赋值为 `person.name` 的值；但如果 `person` 的值是 `undefined` 或 `null`，`recipient` 会被赋值为 `undefined`。这种情况下如果不用 `?.` 而用 `.` 就会出现异常。

`?.` 运算符可以串联使用：

```
let recipientLength = person?.name?.length
```

如果 `person` 或 `person.name` 的值是 `undefined` 或 `null`，那么 `recipientLength` 会被赋值为 `undefined`。

> **备注**：JavaScript 也有位运算符 `&`、`|`、`^`、`~`，在使用它们时，操作数会被转换为 32 位整数后再被执行，就像在 Java 或 C++ 里一样。JavaScript 也有移位运算符 `<<`、`>>`、`>>>`，它会把左侧的操作数转化为 32

位整数，把右侧操作数转化为 5 位整数，然后进行运算。建议读者除非真的需要对 32 位整数进行位操作，否则不要用这些运算符。

 注意：有些程序员喜欢用 x | 0 来清除数字 x 的小数位。如果 x > 2^{31}，那么这段代码就会产生错误的结果，所以建议读者最好还是使用 Math.floor(x)。

2.8　switch 语句

JavaScript 的 switch 语句和 C、C++、Java、C# 中的几乎一模一样。对 switch 非常熟悉的读者完全可以跳过本节。

　　switch 语句的作用是将表达式与程序中提供的所有可能的值进行一一比较，比如：

```
let description = ''
switch (someExpression) {
    case 0:
        description = 'zero'
        break
    case false:
    case true:
        description = 'boolean'
        break
    case '':
        description = 'empty string' // 参考本节中的"注意"
    default:
        description = 'something else'
}
```

　　当 switch 中提供的表达式的值和某一条 case 后跟随的值严格相等时，JavaScript 引擎便会开始执行 case 标签后的代码，直到遇到 break 关键字或者到达整个 switch 语句的结尾为止。如果 switch 中给出的表达式没有匹配到任何一条 case，并且如果在该段 switch 中声明了 default 标签，那么

JavaScript 引擎会执行 default 标签后的代码。

因为 switch 语句执行的是严格相等，所以不要使用对象作为 case 标签。

注意：当我们在某个条件的结尾漏掉了 break 关键字时，JavaScript 运行到此处时不会跳出该段 switch，而会发生"穿透"行为，继续运行下一段条件中的代码。在上面的例子中，当 value 是一个空字符串时便会触发这个问题。description 字段先被设置成 'empty string'，然后被设置成 'something else'。这种"穿透"常常会造成错误，因此一些开发者会避免使用 switch 语句。

提示：在大多数情况下，使用 switch 语句和 if 语句并没有什么区别。然而，当 case 很多时，JavaScript 引擎会用"跳表"来更快地找到匹配的情况。

2.9　while和do循环

十分熟悉 C、C++、Java 或 C#的读者可以继续跳过本节。

while 循环语句会在提供的判断条件为真时执行其内的语句（也有可能是代码块）。它的一般格式是：

while (condition) statement

下面的例子展示了如何使用 while 循环来计算在特定利率下，每年存入相同数额的钱，多少年才能达到退休储蓄目标：

```
let years = 0
while (balance < goal) {
    balance += paymentAmount
    let interest = balance * interestRate / 100
    balance += interest
    years++
}
console.log(`${years} years.`)
```

如果 while 外的判断条件从一开始就不为真，那么它里面的语句根本就不会运行（更不用说循环了）。如果我们需要确定代码块至少执行一次，那么可以使用 do/while 语句，只需要使用如下方式简单地将 while 判断条件移动到代码段的尾端即可：

do *statement* while (*condition*)

这个循环会先执行其内的语句（一般来说是代码块），然后进行条件判断。如果判断条件为真，那么这段语句和判断条件都会重复执行一遍。下面是一个"寻找字符串中下一个空格"的例子：

```
do {
    i++
} while (i < s.length && s[i] != ' ')
```

只有当 i 指向字符串末尾或者 s[i] 指向一个空格时，这个循环才会停止。在实际应用中，do 循环的使用场景比 while 循环要少得多。

2.10　for 循环

for 循环是遍历元素集合的常用方法之一。本节分为 3 个小节，分别介绍了 for 循环在 JavaScript 中的 3 种变体。

2.10.1　传统 for 循环

JavaScript 中传统写法的 for 循环与 C、C++、Java、C# 中没有什么区别。它使用一个计数器或有相同作用、每次循环结束后更新的变量作为标志位。下面是一段用于输出数字 1~10 的示例代码：

```
for (let i = 1; i <= 10; i++)
    console.log(i)
```

for 语句内的第一个插槽被用来初始化计数器，第二个插槽则写明了循环执行的条件，并且会在每次循环开始前被执行，第三个插槽会在每次循环结束后执行，以便更新计数器的值。

循环的初始化、验证和更新流程的循环方式完全取决于编程者的写法。比如下面这个例子是倒序遍历整个数组中的所有元素：

```
for (let i = a.length - 1; i >= 0; i--)
    console.log(a[i])
```

> 提示：我们可以在 for 语句的第一个插槽里进行变量声明，也可以放置表达式，还可以在 3 个插槽的任意位置写表达式。但是，建议读者最好对同一个变量进行操作（初始化、校验和更新），这是一个不成文的规定。

> 备注：我们可以在 for 循环的第三个插槽中使用"逗号"运算符放入多个表达式，以便同时更新多个变量。
>
> ```
> for (let i = 0, j = a.length - 1; i < j; i++, j--) {
>     let temp = a[i]
>     a[i] = a[j]
>     a[j] = temp
> }
> ```
>
> i++, j-- 表达式是由 i++ 和 j-- 表达式用逗号运算符合并生成的一个新的表达式。逗号表达式的"值"等于它第二部分表达式的值。在上面的例子中，我们只用到了这个表达式修改变量值的副作用，而没有用到整个逗号表达式的返回值。
>
> 逗号表达式实在是太难理解了，所以我们一般不愿意使用它。例如，表达式 Math.max((9, 3)) 看上去是求 9 和 3 中的较大值，但实际上因为它的两个参数外又套了一层括号，所以编译器会把它解释为"向 Math.max 函数中传入一个叫 (9, 3) 的参数"，而 (9, 3) 这个逗号表达式的值会等于它的第二个参数，也就是 3，从而使整个表达式变成了 Math.max(3)，经过计算后它会返回 3 这个令人匪夷所思的结果。
>
> 在变量声明语句（比如 let i = 0, j = a.length - 1）中的逗号并不会形成逗号表达式，这里的逗号只是 let 语句语法的组成部分，这个语句声明了名为 i 和 j 的两个变量。

2.10.2 for of 循环

　　for of 循环用于遍历可迭代对象（比如数组和字符串）内的所有元素。（第 7 章会介绍如何让一个对象变成"可迭代"的。）

先看一个例子：

```
let arr = [, 2, , 4]
arr[9] = 100
for (const element of arr)
    console.log(element) // 输出结果：undefined, 2, undefined, 4, undefined（5 次），
100
```

这个循环会递增地遍历数组中索引为从 `0` 到 `arr.length - 1` 的所有元素。在这个循环中，遍历到索引为 0、2、4、5、6、7、8 的元素时，会输出 `undefined`。

在每次迭代开始时，变量 `element` 的值都会被初始化为当前遍历到的元素值。因为我们在迭代体中并不会修改这个变量，所以把它声明为了 `const` 型。

当需要循环遍历数组时，相比于使用传统的 `for` 循环，使用 `for of` 循环看上去会更加简洁。但是，传统 `for` 循环还是有很多的应用场景的，比如不需要遍历整个数组或需要在迭代体中使用索引值时。

当我们在字符串上使用 `for of` 循环时，它会遍历每个"Unicode 码点"，这正是我们想要的。比如：

```
let greeting = 'Hello 🌍'
for (const c of greeting)
    console.log(c) // 输出 H e l l o、一个空格和 🌍
```

🌍实际上占用了两个字符的空间，也就是说它占用了 `greeting[6]` 和 `greeting[7]` 两个位置，但是我们完全不需要为此担心。

2.10.3　for in 循环

`for of` 循环不能用来迭代遍历对象的属性值，如果没有键（key），属性值将没有意义。在这种情况下，我们一般使用 `for in` 循环来遍历所有的属性名称：

```
let obj = { name: 'Harry Smith', age: 42 }
for (const key in obj)
    console.log(`${key}: ${obj[key]}`)
```

这段循环代码会按顺序输出 `age: 42` 和 `name: Harry Smith`。

`for in` 循环会遍历对象内所有的键。在第 4 章和第 8 章中会详细说明为什么 `prototype` 中的属性也会被 `for in` 循环遍历，而不可枚举

（nonenumerable）的属性却不会。键值遍历的顺序依赖于每个平台的具体实现，这个顺序在不同的平台上会有不同的表现，所以不要过于依赖这个顺序。

 备注：JavaScript 中的 for of 循环和 Java 中"广义的" for 循环一样，所以它也被叫作 for each 循环。但是在 Java 中没有和 JavaScript 中的 for in 循环相对应的方法。

我们也可以用 for in 循环遍历一个数组所有属性的名称：

```
let numbers = [1, 2, , 4]
numbers[99] = 100
for (const i in numbers)
    console.log(`${i}: ${numbers[i]}`)
```

在这个循环中，i 会被依次赋值为 '0'、'1'、'3' 和 '99'。注意，对 JavaScript 对象来说，属性键值是字符串。虽然绝大多数的 JavaScript 实现是按照数值顺序来遍历数组的，但就像前文提到的，我们最好不要过于依赖这个"惯例"。如果你真的非常在意遍历的顺序，那就改用 for of 或传统的 for 循环吧！

 注意：在 for in 循环中，一定要谨慎使用 numbers[i + 1] 这种表达式，举例如下。

> if (numbers[i] === numbers[i + 1]) // 错误！i + 1 的值是 '01'、'11'，以此类推
>
> 所以这段代码并不是用于对比两个相邻的数字。这是因为当 i 的值是一个字符串时，+ 运算符的行为是连接两个字符串；当 i 是 0 时，i + 1 的值就是 '01'。
>
> 把 i 的值转换为数字可以解决这个问题：
>
> if (numbers[i] === numbers[parseInt(i) + 1])
>
> 或者可以使用传统的 for 循环。

如果我们给数组对象添加了新的属性，它们也会被 for in 循环遍历：

```
numbers.lucky = true
for (const i in numbers) // i 会是 '0'、'1'、'3'、'99'、'lucky'
    console.log(`${i}: ${numbers[i]}`)
```

接下来的第 4 章会详细介绍如何向 Array.prototype 和

Object.prototype 中增加一个可以被 for in 循环遍历的"可枚举"的属性。现代 JavaScript 编码规范非常反对这种做法。考虑到历史遗留的代码库，或者其他编程者从网上随便复制代码的问题，不建议读者使用 for in 循环。

> **备注**：下一章会介绍另一种使用函数化编程遍历数组的方法。下面是输出数组中所有元素的例子。
>
> arr.forEach((element, key) => { console.log(`${key}: ${element}`) })
>
> 被当作参数传入的函数会在数组的每个元素上分别被调用一次（并且键值也是数字，而不是字符串格式的 0 1 3 99）。

> **注意**：在一个字符串上使用 for in 进行循环时，它会遍历每个 Unicode 码点的索引，这会导致程序在我们意料之外的状态下运行。举例如下。
>
> let greeting = 'Hello 🌐'
> for (const i in greeting)
> console.log(greeting[i])
>   // 输出 H e l l o,一个空格和两个错误的标记
>
> 索引 6 和 7 的两个 Unicode 码点共同组成了 🌐 字符，但在 for in 循环中却被分开遍历了。[1]

2.11 跳出（break）与跳过（continue）

有时我们需要在达成某些条件后立即中断循环。比如，下面这个例子用于找到数组中的第一个负值：

```
let i = 0
while (i < arr.length) {
    if (arr[i] < 0) ...
    ...
}
```

---

[1] 译者注：在原书的示例代码中，此处的 in 为 of，但会出现语法错误。

2.11 跳出（break）与跳过（continue）

当找到了这个负值时，需要停止循环，使 i 也停留在这个负数的位置。这时需要用到 break：

```
let i = 0
while (i < arr.length) {
    if (arr[i] < 0) break
    i++
}
// 当循环正常执行完或 break 成功时，这里的代码会被执行
```

并不是每个循环都需要 break 语句，我们可以用布尔型变量来结束循环——一般用 done 或 found 来给它们命名：

```
let i = 0
let found = false
while (!found && i < arr.length) {
    if (arr[i] < 0) {
        found = true
    } else {
        i++
    }
}
```

JavaScript 也提供了与 Java 中类似的"带标签的 break 语句"，便于一次性跳出多层嵌套的循环。假如我们需要在一个二维数组中寻找第一个负数，当找到这个数字时，必须编写代码连续跳出两个循环。带标签的 break 语句可以非常简单地完成这一操作，我们只需要在外层循环前插入一个标签（格式为一个标识符后面跟一个冒号），然后在 break 语句后再写一遍标签里的关键字即可：

```
let i = 0
let j = 0
outer:
while (i < arr.length) {
    while (j < arr[i].length) {
        if (arr[i][j] < 0) break outer
        j++
    }
    i++
    j= 0
```

```
}
// 当循环被 break 或循环完毕，代码就会执行到这里
```

break 语句后所跟的标签必须和 break 语句写在同一行。

在平时的工作中，我们很少会使用带标签的 break 语句。

除此之外，还有一个和 break 类似的流控制语句 continue，它也会打断正常的循环流程，不过它的作用是跳过其后的代码，将程序的运行位置移动到当前循环的末尾。比如下面这段程序用于计算数组中所有正数的平均值：

```
let count = 0
let sum = 0
for (let i = 0; i < arr.length; i++) {
    if (arr[i] <= 0) continue
    count++
    sum += arr[i]
}
let avg = count === 0 ? 0 : sum / count
```

如果当前元素非正，那么将执行 continue 语句，其作用是跳过本次循环中剩余的代码，让代码的执行位置跳回到循环头部的判断语句。

就像上面的例子一样，如果在 for 循环中使用 continue 语句，代码的执行位置会跳转到 for 循环的"更新"流程处。

continue 语句也有和 break 语句一样的标签语法，它的作用是将代码的执行位置移动到标签所标记的循环的末尾处。不过在平时的工作中，这种语法十分罕见。很多人觉得 break 和 continue 语句非常不好理解，万幸的是，可以使用其他语句替换 break 和 continue。而且我也保证，在这本书中尽量不用这两个语句。

2.12 捕获异常

错误的入参可能会导致函数返回错误的值（甚至直接报错），比如 parseFloat('') 的运行结果就是 NaN。

但是，通过返回错误值来表示出错并不是一个好方法。通常，我们很难明确地区分有效值和无效值，上面提到的 parseFloat 函数就是一个很好的例子：在正常情况下，parseFloat('NaN') 的运行结果是 NaN，parseFloat('Infinity')

的运行结果是 `Infinity`；但反过来，当它返回 `NaN` 时，我们无法区分到底是传入了一个有效的 `'NaN'` 字符串，还是传入了一个无效的参数。

在 JavaScript 中，当程序无法正常运行时，语言给我们提供了另一条可以退出程序的蹊径。这时可以用"抛出异常"来代替我们常用的返回结果。在这种情况下，JavaScript 引擎不会执行 `throw` 语句后面的那些代码，而是会选择执行相应的 `catch` 子句。如果某个异常没有被任何 `catch` 子句处理，那么整个程序会被中止。

我们可以使用 `try` 语句来捕获异常，下面是一个最简单的例子：

```
try {
    代码
    代码
    代码
} catch {
    处理逻辑
}
```

如果 `try` 代码块内的任何代码抛出异常，那么程序会跳过 `try` 代码块中的剩余代码，直接运行 `catch` 子句中的异常处理逻辑。

例如，假设我们现在需要解析一个 JSON 字符串，`JSON.parse` 函数会在入参字符串格式不符合 JSON 规范时抛出异常，这时我们需要这样写 `catch` 子句：

```
let input = ... // 读取数据
try {
    let data = JSON.parse(input)
    // 如果继续执行，那么输入是有效的
    // 处理 data
    ...
} catch {
    // 面对现实吧，输入无效
    ...
}
```

在处理函数时，你可以记录该信息或者修复问题，例如采取一些手段处理收到的错误 JSON 字符串。

第 3 章将介绍更多的 `try` 语句的变体，以便于我们更好地处理异常，此外还会涉及抛出自定义异常的方法。

练习题

1. 在浏览器控制台和 Node.js REPL 中输入语句后,观察展示的返回值,下面各种类型的输入会返回什么?
   - 一个表达式语句
   - 一个变量声明
   - 一个至少含有一个表达式的代码块
   - 一个空代码块
   - 一个内部逻辑至少执行一次的 `while`、`do` 或 `for` 循环
   - 一个内部逻辑完全不会执行的循环
   - 一个 `if` 语句
   - 一个能够正常执行完的 `try` 语句
   - 一个会触发 `catch` 子句的 `try` 语句

2. 下面的语句有什么错误?

```
if (x === 0) console.log('zero') else console.log('nonzero')
```

如何解决这个错误?

3. 思考当前这个语句:

```
let x = a
```

第二行行首以什么字符开始可以阻止 JavaScript 引擎在前一行末尾自动插入分号?在你列出的这些情形中,哪些会出现在我们平时真实的工作环境中呢?

4. 说出使用 `<`、`<=`、`==` 运算符两两比较 `undefined`、`null`、`0`、`''` 的结果,并解释为什么会有这样的结果。

5. 在任何情况下,`a || b` 是否总是等价于 `a ? a : b`?为什么?那 `a && b` 呢?

6. 使用 3 种 `for` 循环方式寻找数组中最大的数字。

7. 思考下面这段代码:

```
let arr = [1, 2, 3, 4, 5, 6, 7, 8, 9, 10, 11, 12]
for (i in arr) { if (i + 1 === 10) console.log(a[i]) }
```

为什么没有任何输出结果?

8．使用 switch 语句实现一段将阿拉伯数字 0～9 转换为英语单词 'zero' 到 'nine' 的逻辑。是否可以不用 switch 写出一个更简单的版本？如果可以，请尝试写一段从英语单词到阿拉伯数字的逻辑。

9．使用 switch 及其穿透特性实现以下逻辑：给定变量 n，其值范围是 0～7，使用这个值将数组 arr 在 arr[k] 到 arr[k + n -1] 区间内的所有值都设为零。

10．使用 while 循环重写 2.9 节中的 do 循环。

11．使用 while 循环重写 2.10 节中的所有 for 循环。

12．使用双层 for 循环重写 2.11 节中带标签的 break 语句的示例。

13．使用布尔型标志位控制嵌套循环的跳出而非 break 语句重写 2.11 节中带标签的 break 语句的例子。

14．不使用 continue 语句重写 2.11 节中的 continue 语句的示例。

15．使用双层嵌套循环实现在数组 a 中寻找数组 b 作为其子序列出现的第一个位置，示例编码如下：

```
let result = undefined
for (let i = 0; i < a.length - b.length; i++) {
    for (let j = 0; j < b.length; j++) {
        if (a[i + j] != b[j]) ...
    }
    ...
}
```

在适当的位置插入 break 和 continue 语句来完成这段代码，然后在不使用 break 和 continue 的情况下实现同样的效果。

函数与函数式编程

本章内容

- 3.1 函数声明 — 59
- 3.2 高阶函数 — 61
- 3.3 函数字面量 — 61
- 3.4 箭头函数 — 62
- 3.5 函数数组处理 — 64
- 3.6 闭包 — 65
- 3.7 固定对象 — 67
- 3.8 严格模式 — 69
- 3.9 测试参数类型 — 71
- 3.10 可选参数 — 72
- 3.11 默认参数 — 73
- 3.12 rest 参数与扩展运算符 — 73
- 3.13 解构模拟命名参数 — 75
- 3.14 函数提升 — 76
- 3.15 抛出异常 — 79
- 3.16 捕获异常 — 79
- 3.17 finally 子句 — 81
- 练习题 — 82

第 3 章

本章将介绍如何使用 JavaScript 编写函数。JavaScript 是一种"函数式"编程语言。函数是"第一类"值,就像数字或字符串一样。函数可以使用以及生成其他函数。掌握函数式编程风格是使用现代 JavaScript 的必要条件。

本章还讨论了 JavaScript 参数传递和作用域规则,以及抛出和捕获异常的细节。

3.1 函数声明

在 JavaScript 中,函数声明包括如下 3 个部分。
1. 函数的名称。
2. 参数名。
3. 函数的主体,用于计算并返回函数结果。

我们不需要指定参数或结果的类型。示例如下:

```
function average(x, y) {
    return (x + y) / 2
}
```

return 语句生成函数返回的值。

要调用此函数,只需传递所需的参数:

```
let result = average(6, 7) // result 的值为 6.5
```

如果传递数字以外的参数会发生什么？下面举例说明：

```
result = average('6', '7') // result 的值为 33.5
```

在传递字符串时，函数体中的+将它们连接起来，结果字符串'67'在除以2之前会被转换为数字。

对于那些习惯于进行编译时类型检查的Java、C#或C++程序员来说，这看起来相当常见。实际上，如果弄乱了参数类型，程序在运行时可能会发生一些奇怪的事情。此外，我们可以编写兼容多种类型参数的函数，这会更加方便。

`return`语句会立即返回，放弃执行函数的其余部分。仔细思考如下的例子，一个用来计算某个指定的值在数组中的索引的`indexOf`函数：

```
function indexOf(arr, value) {
    for (let i in arr) {
        if (arr[i] === value) return i
    }
    return -1
}
```

一旦找到匹配，就返回索引并终止函数。

函数可以选择不指定返回值。如果函数体中没有`return`语句，或者`return`关键字后面没有表达式，则函数返回值为`undefined`。这通常发生在调用函数只产生副作用时。

 提示：如果一个函数有时需要返回一个结果，而有时不需要，建议显式地写明。

```
return undefined
```

备注：正如第2章中提到的，`return`语句必须在行尾之前至少有一个标记，以避免自动插入分号。例如，如果函数返回一个对象，那么至少要将左侧大括号与`return`放在同一行上。

```
return {
    average: (x + y) / 2,
    max: Math.max(x, y),
    ...
}
```

3.2 高阶函数

JavaScript 是一种函数式编程语言。函数的特性是可以作为值存储在变量中的，作为参数传递或作为函数结果返回。

例如，我们可以将声明的 `average` 函数存储在变量中：

```
let f = average
```

然后这样调用它：

```
let result = f(6, 7)
```

当执行表达式 `f(6,7)` 时，`f` 的内容是一个函数，`6` 和 `7` 作为参数来调用函数。

我们可以把另一个函数赋值给变量 `f`：

```
f = Math.max
```

当计算 `f(6,7)` 时，结果就是 `7`，返回的是 `Math.max` 使用对应参数执行的结果。

下面是一个将函数作为参数传递的示例。假定 `arr` 是一个数组，调用数组 `map` 方法：

```
arr.map(someFunction)
```

下面的例子是将提供的函数应用于所有元素，并以数组的形式返回收集到的结果（不修改原始数组），例如：

```
result = [0, 1, 2, 4].map(Math.sqrt)
```

将 `result` 设置为：

```
[0, 1, 1.4142135623730951, 2]
```

`map` 方法有时被称为高阶函数，即可以使用另一个函数的函数。

3.3 函数字面量

继续上一节的示例。假设我们想把所有数组元素都乘以 10，可以先写一个函数：

```
function multiplyBy10(x) { return x * 10 }
```

然后进行调用：

```
result = [0, 1, 2, 4].map(multiplyBy10)
```

但是，仅仅为了使用一次而声明一个新函数似乎有点浪费。

这里更好的方式是使用函数字面量。JavaScript 有两种语法变体，其中之一为：

```
result = [0, 1, 2, 4].map(function (x) { return 10 * x })
```

这种语法很简单，它使用了与以前相同的函数语法，但是现在省略了函数名称。函数字面量是表示具有指定操作的函数的值，该值被传递给 `map` 方法。

函数字面量本身没有名称，就像数组字面量 `[0, 1, 2, 4]` 没有名称一样。在给函数命名时，我们可以将它存储在一个变量里。

```
const average = function (x, y) { return (x + y) / 2 }
```

> **提示**：我们可以将匿名函数字面量视为"正常"情况。命名函数是一种简写方式，用于声明一个函数字面量，然后给它一个名称。

3.4 箭头函数

上一节中介绍了如何使用 `function` 关键字声明函数字面量。其实还有一种更简洁的形式，使用 => 操作符，通常称为"箭头函数"：

```
const average = (x, y) => (x + y) / 2
```

箭头的左边是函数参数，右边是函数返回值。

如果只有一个参数，则可以省略括号：

```
const multiplyBy10 = x => x * 10
```

如果函数没有参数，则使用一组空括号：

```
const dieToss = () => Math.trunc(Math.random() * 6) + 1
```

注意 `dieToss` 是一个函数，而不是一个数字。每次调用 `dieToss()` 时，会得到一个 1~6 的随机整数。

3.4 箭头函数

如果箭头函数比较复杂，则将其主体放在块语句中。使用 return 关键字从块中返回值：

```
const indexOf = (arr, value) => {
    for (let i in arr) {
        if (arr[i] === value) return i
    }
    return -1
}
```

 提示：=>标识必须与参数在同一行。

```
const average = (x, y) =>    // 正确
(x + y) / 2
const distance = (x, y)      // 错误
=> Math.abs(x - y)
```

如果箭头函数超过一行，那么使用大括号会更清楚：

```
const average = (x, y) => {
    return (x + y) / 2
}
```

 注意：如果一个箭头函数只返回一个对象字面量，那么必须将该对象括在括号中。

```
const stats = (x, y) => ({
    average: (x + y) / 2,
    distance: Math.abs(x - y)
})
```

否则，大括号会被解析为一个块语句。

 提示：正如在第 4 章中，箭头函数比使用 function 关键字声明的函数有更规则的行为。许多 JavaScript 程序员喜欢对匿名和嵌套函数使用箭头语法。有的程序员对所有函数使用箭头语法，而有的程序员更喜欢用函数声明顶级函数，这纯粹是个人偏好。

3.5 函数数组处理

除了用 `for of` 或 `for in` 循环遍历数组，我们还可以使用 `forEach` 方法。比如传递一个处理元素和索引值的函数：

```
arr.forEach((element, index) => { console.log(`${index}: ${element}`) })
```

该函数会按索引递增的顺序依次被每个数组元素调用。如果我们只关心元素，那么可以传递一个带有一个参数的函数：

```
arr.forEach(element => { console.log(`${element}`) })
```

`forEach` 方法将同时使用元素和索引调用此函数，但是在本例中，索引被忽略。

`forEach` 方法不会产生结果。相反，传递给它的函数必须有一些附加的作用——输出值或进行赋值。如果想完全避免附加作用并将数组转换为所需形式，使用 `map` 和 `filter` 等方法会更好。

3.2 节讲解了转换数组的 `map` 方法，它将一个函数应用于每个元素。这里有一个实例，假设我们想通过数组构建一个项目的 HTML 列表，可以首先将每个项包含在一个 `li` 元素中：

```
const enclose = (tag, contents) => `<${tag}>${contents}</${tag}>`
const listItems = items.map(i => enclose('li', i))
```

实际上，在每项中首先转义 `&` 和 `<` 字符更安全。假设有一个 `htmlEscape` 函数（可以在本书的配套代码中找到一个实现），出于安全的考虑，我们可以先将每项进行转换，然后将其封装起来：

```
const listItems = items
    .map(htmlEscape)
    .map(i => enclose('li', i))
```

现在结果是一个 `li` 元素数组。接下来，我们使用 `Array.join` 方法将所有字符串连接起来（见第 7 章），并将结果字符串放入 `ul` 元素中：

```
const list = enclose('ul',
    items
    .map(htmlEscape)
```

```
    .map(i => enclose('li', i))
    .join(''))
```

另一个有用的数组方法是 `filter`。它接收一个返回布尔值的判定函数，结果是一个由满足判定条件的所有元素组成的数组。继续前面的示例，如果不希望在列表中包含空字符串，那么我们可以这样排除它们：

```
const list = enclose('ul',
    items
    .filter(i => i.trim() !== '')
    .map(htmlEscape)
    .map(i => enclose('li', i))
    .join(''))
```

这个处理流程很好地遵循了高级编程"What, not how"原则。我们想要什么？丢弃空字符串，转义 HTML，将每项包含在 `li` 元素中，并将它们连接起来。如何做到这一点？最终，通过一系列循环和分支得到了我们想要的结果，但这是一个实现细节。

3.6 闭包

`setTimeout` 函数有两个参数，一个参数是超时结束后执行的函数，另一个参数是超时持续时间（以毫秒为单位）。例如，以下调用在 10 秒后说"Goodbye"：

```
setTimeout(() => console.log('Goodbye'), 10000)
```

更灵活一些的形式：

```
const sayLater = (text, when) => {
    let task = () => console.log(text)
    setTimeout(task, when)
}
```

现在我们可以这样调用：

```
sayLater('Hello', 1000)
sayLater('Goodbye', 10000)
```

查看箭头函数 `()=> console.log(text)` 中的 `text` 变量。如果你仔细想想，会发现一些不明显的事情正在发生。在 `sayLater` 调用后很长时间，箭头函数的代码才返回。`text` 变量是如何保持不变的？怎么能先说 `'Hello'` 再说 `'Goodbye'` 呢？

为了理解其中发生了什么，我们需要完善对函数的理解。一个函数包含如下 3 个组成部分。

1. 代码块。
2. 参数。
3. 自由变量——即代码中使用但未声明为参数或局部变量的变量。

带有自由变量的函数称为闭包。

在上面的示例中，`text` 是箭头函数中的一个自由变量。这个数据结构表示在创建函数时闭包存储了对该变量的引用，即这个变量被捕获了。这样，在后续调用函数时，它的值是可用的。

事实上，这个箭头函数 `function () => console.log(text)` 还捕获了第二个变量，即 `console`。

但是 `text` 是如何得到两个不同的值的呢？让我们慢慢来拆解。对 `sayLater` 的第一次调用创建了一个闭包，该闭包捕获了包含值为`'Hello'`的 `text` 参数变量。当 `sayLater` 方法退出时，该变量不会消失，因为闭包仍在使用它。当再次调用 `sayLater` 时，将创建第二个闭包，该闭包捕获了一个不同的 `text` 参数变量，这次它包含的值是`'Goodbye'`。

在 JavaScript 中，捕获的变量是对另一个变量的引用，而不是它当前的值。我们如果更改捕获的变量的内容，那么可以在闭包中看到更改后的内容。考虑如下情况：

```
let text = 'Goodbye'
setTimeout(() => console.log(text), 10000)
text = 'Hello'
```

尽管创建闭包时变量 `text` 的值是`'Goodbye'`，但是 10 秒后，还是会输出字符串`'Hello'`。

> 备注：Java 中的 `lambda` 表达式和内部类也可以从封闭作用域中捕获变量。但是在 Java 中，捕获的局部变量必须是有效的 `final` 变量，即它的值永远不能改变。
>
> 捕获可变变量使 JavaScript 中闭包的实现变得复杂。JavaScript 闭包不仅要记住初始值，还要记得捕获变量的位置。而且只要闭包存在，捕获的变量就会一直有效——即使它是已终止方法的局部变量。

闭包的基本思想非常简单：自由变量无论在函数内还是函数外时，含义是完全相同的，然而影响是深远的。在某些场景下，捕获变量并无限制地访问这些变量，是非常有用的。下一节将通过一个生动的例子演示完全使用闭包来实现对象和方法。

3.7 固定对象

假设我们想实现一个银行账户对象。每个账户都有余额，可以用于存取款。

我们希望保持对象状态为私有的，即除通过提供的方法外，没有人可以修改它。下面是工厂函数的伪代码：

```
const createAccount = () => {
    ...
    return {
        deposit: amount => { ... },
        withdraw: amount => { ... },
        getBalance: () => ...
    }
}
```

然后我们可以构建任意多的账户：

```
const harrysAccount = createAccount()
const sallysAccount = createAccount()
sallysAccount.deposit(500)
```

注意，这个账户对象只包含了方法，没有数据。如果我们将余额作为属性直接添加到这个账户对象中，那么任何人都可以随意修改它。在 JavaScript 中，没有私有（private）属性。

那我们将这个数据存储在哪里呢？最简单的方法是在工厂函数中使用局部变量：

```
const createAccount = () => {
    let balance = 0
    return {
        ...
    }
}
```

通过方法获取局部数据：

```
const createAccount = () => {
    ...
    return {
        deposit: amount => {
            balance += amount
        },
        withdraw: amount => {
            if (balance >= amount)
            balance -= amount
        },
        getBalance: () => balance
    }
}
```

每个账户对象都有它自己的余额（balance）变量，也就是每次调用工厂函数时创建的变量。

我们可以给这个工厂函数提供一个变量：

```
const createAccount = (initialBalance) => {
    let balance = initialBalance + 10 // 开户奖励
    return {
        ...
    }
}
```

还可以使用参数变量代替局部变量：

```
const createAccount = (balance) => {
    balance += 10 // 开户奖励
    return {
        deposit: amount => {
            balance += amount
        },
        ...
    }
}
```

乍一看，这种生成对象的方式比较奇怪，但它有两个显著的优点：状态（由工厂函数的局部变量组成）被自动封装；避免使用 this 参数，第 4 章会介绍在 JavaScript 中这么做并不简单。

这种技术有时被称为"闭包模式"或"工厂类模式"，但我喜欢 Douglas Crockford 在其著作 *How JavaScript works* 中使用的术语，称其为"固定对象"（hard object）。

> 备注：要进一步强化该对象，可以使用 Object.freeze 方法，该方法生成的对象的属性不能修改或删除，也不能向其中添加任何新属性。

```
const createAccount = (balance) => {
    return Object.freeze({
        deposit: amount => {
            balance += amount
        },
        ...
    })
}
```

3.8 严格模式

就如我们在前面看到的，JavaScript 具有一些不寻常的特性，其中一些特性已被证明不适合大规模软件开发。严格模式禁止了其中一些功能，建议读者在编程时使用严格模式。

要启用严格模式，可以使用：

```
'use strict'
```

作为文件中的第一个非注释行。（双引号可以代替单引号，分号也可以。）

如果要在 Node.js REPL 中强制使用严格模式，可以使用：

```
node --use-strict
```

> 备注：如果要在浏览器控制台中使用严格模式，需要在每行代码前加上 'use strict';或者'use strict'，然后按<Shift+回车键>，但这样操作不是很方便。

我们可以对单个函数使用严格模式：

```
function strictInASeaOfSloppy() {
    'use strict'
    ...
}
```

我们没有必要单独为每个函数使用严格模式，通常是对整个文件应用严格模式。

严格模式也常用在类（见第 4 章）和 ECMAScript 模块（见第 10 章）中。注意，严格模式的主要特点如下。

- 给未声明的变量赋值是错误的，且不会创建全局变量。必须使用 `let`、`const` 或 `var` 声明所有变量。
- 不能为只读全局属性（如 `NaN` 或 `undefined`）赋值。（遗憾的是，我们仍然可以声明局部变量来覆盖它们。）
- 函数声明必须在顶层，而不能在嵌套的代码块内。
- `delete` 操作符不能用于"未限定的标识符"。例如，`delete parseInt` 就是一个语法错误。试图删除不可"配置"的属性（如删除 `"Hello".length`）将导致运行时错误。
- 不能有重复的函数参数（`function average(x, x)`）。当然，我们一般不会这么使用，但在非严格模式下，它们是合法的。
- 不能使用前缀为 0 的八进制字面值，比如 `010` 是语法错误，不是八进制 10（十进制为 8）。如果我们需要八进制，那么要用 `0o10`。
- 禁止使用 `with` 语句（本书未讨论）。

> 备注：在严格模式下，读取未声明变量的值会抛出 ReferenceError。如果需要判断变量是否已经声明（和初始化），不能像如下这样做。
>
> `possiblyUndefinedVariable !== undefined`
>
> 而需要这样做：
>
> `typeof possiblyUndefinedVariable !== 'undefined'`

3.9 测试参数类型

在 JavaScript 中,可以不指定函数参数的类型。因此,调用者可以提供多种类型的参数,并根据其实际类型处理该参数。

以下面这个有点"人为构造"的函数为例,`average` 函数可以接受数字或数组。

```
const average = (x, y) => {
    let sum = 0
    let n = 0
    if (Array.isArray(x)) {
        for (const value of x) { sum += value; n++ }
    } else {
        sum = x; n = 1
    }
    if (Array.isArray(y)) {
        for (const value of y) { sum += value }
    } else {
        sum += y; n++
    }
    return n === 0 ? 0 : sum / n
}
```

我们可以这样调用:

```
result = average(1, 2)
result = average([1, 2, 3], 4)
result = average(1, [2, 3, 4])
result = average([1, 2], [3, 4, 5])
```

表 3-1 展示了如何测试参数 x 是否符合给定类型。

表 3-1　类型判断

类型	判断方法	说明
字符串	typeof x === 'string' || x instanceof String	x 可以被理解为 new String(...)
常规表述式	x instanceof RegExp	

续表

类型	判断方法	说明
数字	typeof x === 'number' || x instanceof Number	x 可以被理解为 new Number(...)
任何可以转换为数字的类型	typeof +x === 'number'	获取数值为 +x
数组	Array.isArray(x)	
函数	typeof x === 'function'	

> **备注**：有的程序员编写的函数可以将任何参数值转换为数字，举例如下。
>
> ```
> const average = (x, y) => { return (+x + +y) / 2 }
> ```
>
> 然后可以这样调用：
>
> ```
> average('3', [4])
> ```
>
> 这种程度的灵活性是有用无害的，还是有潜在隐患的呢？总之我不推荐。

3.10 可选参数

假设要声明一个含有特定数量参数的函数，例如：

```
const average = (x, y) => (x + y) / 2
```

看上去似乎必须提供两个参数来调用这个函数。然而在 JavaScript 中，我们可以使用多个参数来调用这个函数，多余的参数会默认被忽略：

```
let result = average(3, 4, 5) // 3.5 最后一个参数被忽略
```

反之，如果入参少于声明的数量，那么缺失的参数会被设置为 undefined。比如，average(3)是(3 + undefined)/2 或 NaN。如果想支持这个调用，得到一个有意义的结果，我们可以这样写：

```
const average = (x, y) => y === undefined ? x : (x + y) / 2
```

3.11 默认参数

在上一节中,我们了解了如何以较少的参数实现函数的调用。实际上,我们可以在函数声明中提供默认参数,而不是手动检查未定义(undefined)的参数。在参数后放置一个=和一个默认值的表达式——也就是说,如果没有传递参数,就使用该默认值。

这里有另一种方法使 average 函数在一个参数下工作:

```
const average = (x, y = x) => (x + y) / 2
```

如果使用 average(3) 调用,则 y 的值为 x,即 3,并计算正确的返回值。

也可以提供多个默认值:

```
const average = (x = 0, y = x) => (x + y) / 2
```

此时调用 average(),返回结果为 0。

我们甚至可以只为第一个参数提供默认值:

```
const average = (x = 0, y) => y === undefined ? x : (x + y) / 2
```

如果没有提供参数(或一个显式的未定义(undefined)),则将该参数设置为默认值;如果什么都没有提供,则为 undefined:

```
average(3) // average(3, undefined)
average() // average(0, undefined)
average(undefined, 3) // average(0, 3)
```

3.12 rest 参数与扩展运算符

我们可以用任意数量的参数调用 JavaScript 函数。要处理所有这些参数,可以在最后一个参数前加上...标识,将函数的最后一个参数声明为"rest"参数:

```
const average = (first = 0, ...following) => {
    let sum = first
    for (const value of following) { sum += value }
    return sum / (1 + following.length)
}
```

在调用该函数时，following 是一组参数，其中包含未用于初始化前面参数的所有参数。举例如下：

```
average(1, 7, 2, 9)
```

first 是 1，following 是数组[7,2,9]。

许多函数和方法接受可变参数。例如，Math.max 方法将从所有参数里找出最大的那个，无论参数有多少个：

```
let result = Math.max(3, 1, 4, 1, 5, 9, 2, 6) // 从一组数中找出最大的，结果为 9
```

如果所有的参数已经在一个数组中，会发生什么呢？

```
let numbers = [1, 7, 2, 9]
result = Math.max(numbers) // 结果为 NaN
```

这是行不通的。Math.max 方法的入参只有数组[1,7,2,9]。

如果使用扩展运算符...，将它放置在数组参数前面：

```
result = Math.max(...numbers) // 结果为 9
```

扩展运算符会将它们展开，相当于每项都作为传入参数去调用函数。

> **备注**：尽管扩展运算符和 rest 声明看起来是一样的，但它们的操作却是完全相反的。首先，扩展运算符要与一个参数一起使用，而 rest 语法应用于变量声明。
>
> ```
> Math.max(...numbers) // 扩展运算符在函数调用时使用
> const max = (...values) => { /* body */} // rest 参数在声明变量时使用
> ```
>
> 扩展运算符将数组（实际上是任何可迭代对象）转换为一个值序列。rest 声明是将一系列值放入数组中。

注意，即使调用的函数没有任何 rest 参数，我们也可以使用扩展运算符。例如，如果这样调用上一节中有两个参数的 average 函数：

```
result = average(...numbers)
```

将所有 numbers 的元素作为参数传递给函数，该函数会使用前两个参数，并忽略其他参数。

> **备注**：我们还可以在数组初始化中使用扩展运算符。
>
> let moreNumbers = [1, 2, 3, ...numbers] // 扩展运算符
>
> 不要将此声明与解构使用的 rest 声明混淆。rest 声明应用于变量：
>
> let [first, ...following] = numbers // rest 声明

> **提示**：因为字符串是可迭代的，所以可以对字符串使用扩展运算符。
>
> let greeting = 'Hello 🌐'
> let characters = [...greeting]
>
> characters 数组包含的字符串有 'H'、'e'、'l'、'l'、'o'、' '，以及 '🌐'。

默认参数和 rest 参数的语法同样适用于 function 语法：

function average(first = 0, ...following) { ... }

3.13 解构模拟命名参数

在函数调用中，JavaScript 没有提供有参数名称的"命名参数"特性，但我们可以通过传递一个对象字面量来轻松模拟命名参数：

const result = mkString(values, { leftDelimiter: '(', rightDelimiter: ')' })

这样的函数调用起来很容易。下面来看函数是如何实现的。我们可以查找对象属性并为缺少的值提供默认值。

const mkString = (array, config) => {
  let separator = config.separator === undefined ? ',' : config.separator
  ...
}

然而，这么做是多余的。在默认情况下，更适合使用解构参数。（解构语法参考第 1 章。）

```
const mkString = (array, {
    separator = ',',
    leftDelimiter = '[',
    rightDelimiter = ']'
}) => { ... }
```

解构语法{separator = ',', leftDelimiter = '[', rightDelimiter = ']'}声明了3个参数变量 separator、leftDelimiter 和 rightDelimiter，分别对与之同名的属性进行初始化。如果属性不存在或值未定义（undefined），则使用默认值。

这里最好对 config 对象提供一个默认值{}：

```
const mkString = (array, {
        separator = ',',
        leftDelimiter = '[',
        rightDelimiter = ']'
    } = {}) => {
    ...
}
```

现在无须任何 config 对象即可调用该函数：

```
const result = mkString(values) // 第 2 个参数默认是 {}
```

3.14 函数提升

本节会有点令人费解，我们将讨论另一个复杂的问题。如果遵循如下 3 条简单的规则，那么我们就可以很容易地避免这个问题。

- 不要使用 var。
- 使用严格模式。
- 变量和函数要先声明再使用。

下面来说说如果不遵守这些规则，会发生什么。

JavaScript 有一种特殊的机制来确定变量的作用域，即程序中可以访问变量的区域。以在函数内声明的局部变量为例，在 Java、C#或 C++等编程语言中，其作用域从声明变量的位置开始，到封闭块的末尾为止。在 JavaScript 中，用 let 声明的局部变量有相同的行为：

```
function doStuff() { // 块语句开始
    ... // 在此试图访问某些变量会抛出一个 ReferenceError
    let someVariable // 作用域从这里开始
    ... // 可以访问 someVariable 变量，其值为 undefined
    someVariable = 42
    ... // 可以访问 someVariable 变量，其值为 42
} // 块语句结束，作用域在这里结束
```

然而，事情并非这么简单。在先于变量声明的函数中，可以访问后声明的局部变量：

```
function doStuff() {
    function localWork() {
        console.log(someVariable) // 可以访问变量
        ...
    }
    let someVariable = 42
    localWork() // 输出 42
}
```

在 JavaScript 中，每个声明都被提升到其作用域的顶部。也就是说，在声明语句之前，变量或函数就已经存在了，并且为保存其值保留了空间。

在嵌套函数内，可以引用提升的变量或函数。考虑前面示例中的 `localWork` 函数，函数知道 `someVariable` 的位置，因为它被提升到 `doStuff` 主体的顶部，即使该变量是在函数之后声明的。

当然，在执行声明变量的语句之前访问变量也是可以的。如果使用 `let` 和 `const` 声明，变量在其声明执行之前处于"临时死区"，这时访问会抛出 `ReferenceError`。

但如果变量是用古老的 `var` 关键字声明的，那么在初始化变量之前，它的值是 `undefined`。

> **提示**：不建议使用 `var`。`var` 声明的变量作用域是整个函数，而不是封闭的函数块。像如下这样使用太宽泛了。
>
> ```
> function someFunction(arr) {
>     // i, element 已存在函数作用域中，但未定义
>     for (var i = 0; i < arr.length; i++) {
>         var element = arr[i]
>         ...
> ```

```
        }
        // i, element 仍存在函数作用域中
}
```

此外，var 在闭包里的使用效果也不好。参考练习题 10。

由于函数是被提升的，所以我们可以在函数被声明之前调用它。特别地，可以声明相互递归调用的函数：

```
function isEven(n) { return n === 0 ? true : isOdd(n - 1) }
function isOdd(n) { return n === 0 ? false : isEven(n - 1) }
```

> **备注**：在严格模式中，命名函数只能声明在脚本或函数的顶部，而不是在嵌套块语句中。在非严格模式中，嵌套的命名函数都会被提升到它所在的封闭函数的顶部。练习题 12 将证明为何这不是一个好的方式。

只要使用严格模式并避免使用 var 声明，提升行为就不太可能导致程序错误。但是，在使用变量和函数之前进行声明是一个很好的编码习惯。

> **备注**：以前，JavaScript 程序员使用"自执行函数"限制 var 声明和函数的作用域。

```
(function () {
    var someVariable = 42
    function someFunction(...) { ... }
    ...
})() // 函数在这里被调用，注意括号
// someVariable, someFunction 不在此作用域中
```

匿名函数被调用后，就不会再使用了，唯一的作用是封装声明。一般会使用：

```
{
    let someVariable = 42
    const someFunction = (...) => { ... }
    ...
}
```

声明被限制在块语句中。

3.15 抛出异常

如果一个函数无法计算出结果,那么可以抛出异常。根据不同的失败类型抛出不同的异常,比直接返回错误值(如 NaN 或 undefined)更好一些。

使用 throw 语句抛出异常:

throw value

异常值可以是任何类型的值,但通常是一个错误对象。Error 函数会产生一个包含描述错误原因的字符串的对象。

let reason = `Element ${elem} not found`
throw Error(reason)

当 throw 语句执行时,函数会立即终止,不会产生返回值,即使是 undefined。程序会在最近的 catch 或 finally 子句中继续执行,这部分将在下一节介绍。

> 提示:对于调用者来说,在遇到意料之外可能无法处理的情况时,异常处理是一种很好的机制。异常处理不太适用于预期会出现故障的情况。在解析用户输入的场景下,原因极有可能是一些用户提供了不合适的输入。在 JavaScript 中,很容易返回"兜底"的值,如 undefined、null 或 NaN(前提是这些不能是有效的输入)。或者,我们可以返回一个描述成功或失败的对象。例如,在第 9 章中,将介绍生成表单对象的方法 { status: 'fulfilled', value: result } 或 { status: 'rejected', reason: exception }。

3.16 捕获异常

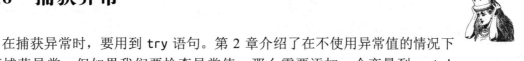

在捕获异常时,要用到 try 语句。第 2 章介绍了在不使用异常值的情况下如何捕获异常。但如果我们要检查异常值,那么需要添加一个变量到 catch 子句:

try {

```
    // 要做的工作
    ...
} catch (e) {
    // 处理异常
    ...
}
```

catch 子句中的变量（这里是 e）包含异常值。上一节中提到，异常值通常是一个错误对象。这样的对象有两个属性：`name` 和 `message`。例如，可以这样调用 JSON.parse('{ age: 42 }')来抛出一个异常，名称为 'SyntaxError'，消息为'Unexpected token a in JSON at position 2'。（这个例子中的字符串是无效的 JSON，因为 age 键没有处于双引号中。）

由错误函数产生的对象的名称是'Error'。JavaScript 虚拟机会抛出名为'SyntaxError'、'TypeError'、'RangeError'、'ReferenceError'、'URIError'或'InternalError'的错误。

在处理程序时，我们可以在合适的位置记录该信息。然而，和 Java 或 C++ 等语言不同的是，我们没必要在 JavaScript 中详细分析错误对象。

当在控制台上记录一个错误对象时，JavaScript 执行环境通常会显示堆栈轨迹——抛出点和捕获点之间的函数和方法调用。不幸的是，没有标准的方法来访问堆栈轨迹以便记录日志。

> **备注**：在 Java 和 C++中，我们可以根据异常的类型捕获异常，在低级别处理某些类型的错误，在高级别处理其余错误。这样的策略在 JavaScript 中不容易实现。catch 子句能够捕获所有异常，这些异常对象携带有限的信息。在 JavaScript 中，异常处理程序通常执行一般的恢复或清除工作，而不尝试分析失败的原因。

当进入 catch 子句时，异常被视为已处理。通过执行 catch 中的语句，程序将恢复正常。catch 子句可以使用 return 或 break 语句退出，也可以通过执行最后一条语句来完成，然后开始执行 catch 子句之后的下一个语句。

出现异常后，如果想在代码某级别（level）记录，在更高级别进行处理，那么记录之后需要重新抛出该异常：

```
try {
    // 要做的工作
    ...
} catch (e) {
```

```
    console.log(e)
    throw e // 重新抛出异常给处理失败的处理程序
}
```

3.17　finally 子句

一个 try 语句可以有一个"可选的" finally 子句。无论是否发生异常，都将执行 finally 子句中的代码。

下面先看看最简单的情况——带有 finally 子句但没有 catch 子语的例子：

```
try {
    // 获取资源
    ...
    // 要做的工作
    ...
} finally {
    // 释放资源
    ...
}
```

在以下所有情况中，finally 子句都会被执行。
- try 子句中的所有语句都已完成而没有抛出异常。
- 在 try 子句中执行了 return 或 break 语句。
- 在 try 子句的任何语句中发生异常。

我们还可以使用带有 catch 和 finally 子句的 try 语句：

```
try {
    ...
} catch (e) {
    ...
} finally {
    ...
}
```

现在有了其他的方式。如果在 try 子句中发生异常，则执行 catch 子句。无论 catch 子句如何退出（通常通过 return/break/throw 来实现），finally 子句都会被执行。

finally 子句的作用是释放在 try 子句中获得的资源（例如文件句柄或数据库连接），无论是否发生异常。

> **注意**：在 finally 子句中使用 return/break/throw 语句是合法的，但是容易让人混淆。这些语句优先于 try 和 catch 子句中的任何语句。
>
> 例如：
>
> ```
> try {
>     // 你的代码
>     ...
>     return true
> } finally {
>     ...
>     return false
> }
> ```
>
> 如果 try 语句块成功执行并执行了 return true，那么下面 finally 中的 return false 会覆盖前面的 return 语句，最终返回 false。

练习题

1. 当 3.1 节中的 indexOf 函数的入参是对象而不是数组时，会发生什么？
2. 重写 3.1 节中的 indexOf 函数，使它在最后只有一个 return 语句。
3. 编写一个函数 values(f, low, high)，其作用为生成一个函数的数组：[f(low), f(low + 1), ..., f(high)]。
4. 数组的 sort 方法的参数是一个比较函数，该函数有两个参数：x 和 y。如果 x 在 y 之前，则返回负整数；如果 x 和 y 相同，则返回 0；如果 x 在 y 之后，则返回正整数。用箭头函数实现下面的排序。
    - 将正整数数组按递减顺序排列。
    - 将元素为人的数组按年龄增长排列。
    - 将字符串数组按照长度递增排列。
5. 使用 3.7 节中的"固定对象"技术，实现一个 constructCounter 方法，使用该方法产生计数器对象，计数器对象包含一个 count 方法，用于增加计数值并产生新值。初始值和可选增量作为参数传递。（默认增量为 1。）

```
const myFirstCounter = constructCounter(0, 2)
console.log(myFirstCounter.count()) // 0
console.log(myFirstCounter.count()) // 2
```

6. 一名程序员认为"命名参数几乎都是在 JavaScript 中实现的，但顺序仍然优先"，并在浏览器控制台中提供了以下"证据"：

```
function f(a=1, b=2){ console.log(`a=${a}, b=${b}`) }
f() // a=1, b=2
f(a=5) // a=5, b=2
f(a=7, b=10) // a=7, b=10
f(b=10, a=7) // 顺序是首要的：a=10, b=7
```

请问到底发生了什么？（提示：它与命名参数无关，在严格模式下试试。）

7. 使用 rest 参数编写一个函数 average 来计算任意数字序列的平均值。

8. 当传递一个字符串参数到一个 rest 参数 ...str 时会发生什么？利用一个例子来证明你的想法。

9. 完成 3.13 节中的 mkString 函数"用析构模拟命名参数"。

10. var 关键字与闭包的一起使用效果很差。思考下面这个例子：

```
for (var i = 0; i < 10; i++) {
    setTimeout(() => console.log(i), 1000 * i)
}
```

这段代码会输出什么？为什么？（提示：变量 i 的作用域是什么？）尝试对代码做简单的更改，使其输出数字 0、1、2、……、9。

11. 考虑这个阶乘函数的声明：

```
const fac = n => n > 1 ? n * fac(n - 1) : 1
```

解释为什么只有变量提升才能起作用。

12. 在非严格模式下，可以在嵌套块中声明函数，然后将它们提升到封闭的函数或脚本中。请尝试几次如下示例：

```
if (Math.random() < 0.5) {
    say('Hello')
    function say(greeting) { console.log(`${greeting}!`) }
}
say('Goodbye')
```

输出结果取决于 Math.random 的结果，关系是怎样的？say 的作用域是什么？它什么时候初始化？在严格模式下会发生什么？

13．实现一个平均函数，如果它的任何参数都不是数字，就会抛出异常。

14．有些程序员会对包含 try/catch/finally 的语句感到困惑，因为有太多可能的控制路径。请思考如何总是使用 try/catch 语句和 try/finally 语句来重写这种语句。

面向对象编程

本章内容

4.1　JavaScript 方法 — 87
4.2　原型（prototype）— 88
4.3　构造函数 — 91
4.4　类句法 — 93
4.5　getter 和 setter — 94
4.6　实例域和私有方法 — 95
4.7　静态方法和域 — 96
4.8　子类 — 97
4.9　重写方法 — 99
4.10　构建子类 — 100
4.11　类表达式 — 101
4.12　this 的指向 — 102
　　练习题 — 106

第 4 章

JavaScript 是有对象的,但 JavaScript 对象和面向对象编程语言(比如 Java、C++)的对象有所不同。在 JavaScript 对象中,所有的属性(property)都是公共的(public),而且它们并不从属于除对象以外的任何类。并且,是否使用了方法、类以及继承也是不明显的。

这些特性都可以用 JavaScript 实现,本章会具体介绍如何实现。当前版本的 JavaScript 提供了和 Java 十分类似的声明类的句法,但底层的机制却完全不同,我们非常有必要知晓其中的原理。下面先介绍如何声明方法以及构造函数,后续会介绍如何构建一个类。

4.1 JavaScript方法

与大多数面向对象编程语言(OOP)都不同,JavaScript 可以在不声明类的情况下使用对象。我们已经了解了如何创建一个对象:

```
let harry = { name: 'Harry Smith', salary: 90000 }
```

根据类的定义,对象有身份标识(identity)、状态(state)以及行为(behavior)。和任何其他对象都不同,这个刚刚创建的对象当然有身份标识。对象的状态是由属性提供的。接下来我们以"方法"的形式添加行为,也就是一个以 function 为值的属性:

```
harry = {
    name: 'Harry Smith',
    salary: 90000,
    raiseSalary: function(percent) {
        this.salary *= 1 + percent / 100
    }
}
```

harry 是一个职工（employee）对象，现在我们可以用熟悉的符号.来提高他的薪酬：

```
harry.raiseSalary(10)
```

注意，raiseSalary 是 harry 对象声明的一个函数。这个函数看似比较普通，但它有一个特别之处：在函数体（body）中，我们引用了 this.salary。当调用函数时，this 引用的是点运算符（.）左侧的对象。

简便起见，可以省去 ":" 以及 "function" 关键词，如下所示：

```
harry = {
    name: 'Harry Smith',
    salary: 90000,
    raiseSalary(percent) {
        this.salary *= 1 + percent / 100
    }
}
```

这和 Java 或者 C++中声明方法的方式十分相似，但这仅仅是 function 作为属性值的一个语法糖。

 注意：this 只用在 function 关键词声明的或省略 function 关键词的函数内，不能用在箭头函数定义的函数中。4.12 节会介绍 this 的更多细节。

4.2 原型（prototype）

假设存在许多和上一节类似的职工对象，那么我们需要给每个职工对象都添加一个 raiseSalary 属性。我们可以写一个工厂函数将此任务自动化：

```
function createEmployee(name, salary) {
    return {
        name: name,
        salary: salary,
        raiseSalary: function(percent) {
            this.salary *= 1 + percent / 100
        }
    }
}
```

即便所有职工对象的 raiseSalary 属性都是相同的函数（如图 4-1 所示），每个职工对象仍然有它自己的 raiseSalary 属性。如果所有的职工对象能够共用一个函数就更好了。

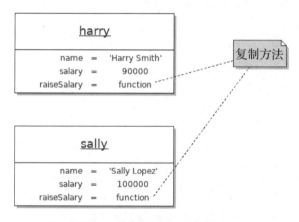

图 4-1　拥有复制方法的对象

此时原型（prototype）该"登场"了，原型用于收集多个对象公共的属性。如下是一个承载共享方法的一个原型对象：

```
const employeePrototype = {
    raiseSalary: function(percent) {
        this.salary *= 1 + percent / 100
    }
}
```

当创建一个职工对象时，我们设置了它的原型，该原型为这个对象的一个"内部插槽"。这是 ECMAScript 语言的一个专用技术术语，用于表示对象的一个内部属性——并不会暴露给 JavaScript 程序员的一个属性。我们可以使用 Object.getPrototypeOf 和 Object.setPrototypeOf 方法来读取和写入 [[Property]] 内部插槽（如标准中所说）。以下函数会创建职工对象并设置它的原型：

```
function createEmployee(name, salary) {
    const result = { name, salary }
    Object.setPrototypeOf(result, employeePrototype)
    return result
}
```

图 4-2 给出了创建多个共用相同原型的职工对象的结果，图中的原型插槽用 [[Prototype]] 来表示（根据 ECMAScript 规范）。

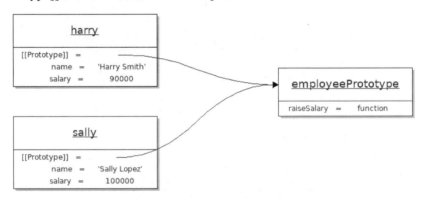

图 4-2　相同原型的对象

注意：在许多 JavaScript 实现中，我们都可以用 obj.__proto__ 来访问对象的原型。但这并不是标准的表示方法，标准的方法是使用 Object.getPrototypeOf 和 Object.setPrototypeOf 方法。

考虑以下方法的调用：

```
harry.raiseSalary(5)
```

在 harry 对象中没能找到 harry.raiseSalary，于是，将继续在其原型中进行搜索。由于 harry.[[Prototype]] 有一个 raiseSalary 属性，故其值将作为

harry.raiseSalary 的值。

在后续章节中,我们能够看到原型可以是链式的。如果该原型没有相应的属性,那么会在原型的原型中继续搜索,直到原型链的尽头。

原型链搜索的机制是非常普适的。这里我们使用它搜索一个方法,它还适用于任意属性。如果一个属性并不能在对象中找到匹配,那么会搜索原型链,第一个匹配对象将作为这个属性的值。

原型搜索是 JavaScript 中一个简单但非常重要的概念,原型被用于实现类、继承,以及修改已创建的对象的行为。

> **备注**:原型链的搜索只用于读取属性值。当我们写入一个属性时,属性值总会在对象中更新。
>
> 例如,需要改变 harry.raiseSalary 方法:
>
> harry.raiseSalary = function(rate) { this.salary = Number.MAX_VALUE }
>
> 这里直接给 harry 对象添加了一个新属性,它并不改变原型。其他所有的职工仍然保留原先的 raiseSalary 属性。

4.3 构造函数

上一节讲解了如何编写一个能通过共用原型创建对象实例的工厂函数,本节会介绍调用该函数的特殊句法——使用 new 操作符。

一般来说,在基于类的编程语言中,创建对象的函数将在类之后被命名,在本例中,我们称其为 Employee 函数,如下所示:

```
function Employee(name, salary) {
    this.name = name
    this.salary = salary
}
```

调用:

```
new Employee('Harry Smith', 90000)
```

这时 new 操作符会创建一个空对象并调用构造函数。this 参数指向该新建的对象。Employee 函数的主体使用 this 参数来设置对象的属性。新建的对象将成为 new 表达式的值。

注意：不要从构造函数返回任何结果。否则，new 表达式的值就是返回的值，而不是新建的对象。

除了调用构造函数，new 表达式还引出了另一个相当重要的过程——设置了该对象的[[Prototype]]内部插槽。[[Prototype]]会被设置为特定的对象，且被附在构造函数上。如果一个函数作为一个对象，那么它也可以拥有属性。每个 JavaScript 函数都有一个值为对象的 prototype 的属性。

这个对象会为我们提供一个现成的添加方法的地方，如下所示：

```
Employee.prototype.raiseSalary = function(percent) {
    this.salary *= 1 + percent / 100
}
```

这里有许多内容，我们再仔细看看这个调用：

```
const harry = new Employee('Harry Smith', 90000)
```

以下是具体的步骤。

1. 用 new 操作符创建一个新对象。
2. 该对象的[[Prototype]]内部插槽被设置为 Employee.prototype 对象。
3. new 操作符调用含有 3 个参数的构造函数，参数分别为 this（指向刚创建的对象）、name、salary。
4. Employee 函数主体使用 this 参数设置对象的属性。
5. 返回 constructor，并且 new 操作符新建的对象成为彻底初始化的对象。
6. harry 变量被初始化为该对象的引用，图 4-3 给出了结果。

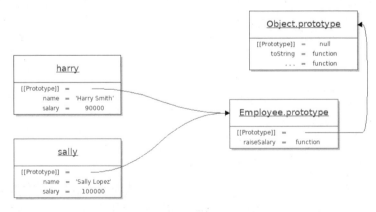

图 4-3　构造函数生成的对象

如图 4-3 所示，Employee.prototype 对象有 Object.prototype 对象作为其原型，Object.prototype 提供了一些 toString 方法以及一些其他方法。

奇妙的是，new 操作符如同 Java、C#、C++中调用的构造函数，但 Employee 却并不是一个类，它只是一个函数。

那么，什么是一个类呢？书本中对类的定义是，拥有相同表现的对象的一个集合。所有通过调用 new Employee(...)得到的对象均具有一系列相同的方法。

在 JavaScript 中，构造函数相当于基于类的编程语言中的类。

读者不用担心传统的类与基于原型的 JavaScript 体系的区别。在后续的章节中，我们会看到现代 JavaScript 句法符合基于类的语言的规范。但我们需要时刻提醒自己，JavaScript 中的类只是一个构造函数，公共行为要通过原型来实现。

4.4 类句法

如今，JavaScript 的类句法捆绑了一个构造函数以及类似形式的原型方法。下面是上一节例子的类句法：

```
class Employee {
    constructor(name, salary) {
        this.name = name
        this.salary = salary
    }
    raiseSalary(percent) {
        this.salary *= 1 + percent / 100
    }
}
```

该句法与上一节的效果一模一样，还是没有一个真实的类。通过该现象可以看出，类的声明仅仅是声明了一个 Employee 构造函数。constructor 关键词声明了 Employee 构造函数的主体。raiseSalary 方法被添加到了 Employee.prototype 中。

和上一节一样，我们通过 new 操作符调用构造函数来构建一个对象：

```
const harry = new Employee('Harry Smith', 90000)
```

备注：正如前面章节提到的，构造函数不应该返回任何值。即使它返回了值也会被忽略，new 表达式依旧会返回新建的对象。

我们应该使用类（class）句法（前言中黄金法则的第 4 条），该句法处理了一些复杂的小细节。JavaScript 类是构造函数和拥有方法的原型对象的一个语法糖。

 备注：一个类最多只能有一个构造函数。如果已经声明了一个无构造函数的类，那么它将自动得到一个空主体的构造函数。

 注意：与对象字面量不同，在类的声明中，不需要使用逗号来隔开方法的声明。

 备注：和方法不同的是，类不会被提升。我们需要在构造一个实例前声明类。

 备注：类的主体以严格模式执行。

4.5 getter和setter

getter 是一个不需要参数的方法，声明时需要使用关键词 get：

```
class Person {
    constructor(last, first) {
        this.last = last;
        this.first = first
    }
    get fullName() { return `${this.last}, ${this.first}` }
}
```

调用 getter 时不需要使用大括号，如同调用属性值一样：

```
const harry = new Person('Smith', 'Harry')
const harrysName = harry.fullName // 'Smith, Harry'
```

harry 对象没有 fullName 属性，但其 getter 方法将被调用。我们可以将 getter 看作一个动态计算的属性，还可以使用 setter，这样只需要一个参数：

```
class Person {
    ...
    set fullName(value) {
        const parts = value.split(/,\s*/)
        this.last = parts[0]
        this.first = parts[1]
    }
}
```

setter 会在赋值给 fullName 时被调用：

```
harry.fullName = 'Smith, Harold'
```

我们在类中提供 getter 和 setter 方法时，会有一种在使用属性的感觉，但我们可以控制属性值以及任何改变属性的过程。

4.6 实例域和私有方法

我们可以通过给 this.propertyName 赋值的方式来动态地给构造函数或者任何方法设置一个对象的属性。这些属性与基于类的编程语言中的实例域比较相似。

```
class BankAccount {
    constructor() { this.balance = 0 }
    deposit(amount) { this.balance += amount }
    ...
}
```

3 个替代符号的提案在 2020 年年初的 stage 3 提案中被提出。在声明类时，可以将变量和初始值列举出来，诸如：

```
class BankAccount {
```

```
    balance = 0
    deposit(amount) { this.balance += amount }
    ...
}
```

如果一个域起始位置有一个 # 符号,那么该域就是私有的(意味着在类的方法外无法调用):

```
class BankAccount {
    #balance = 0
    deposit(amount) { this.#balance += amount }
    ...
}
```

起始位置有 # 的方法,就是一个私有方法。

4.7 静态方法和域

在声明类时,可以声明一种静态 static 方法。此类方法不会操作任何对象,它是一个纯函数,也是类的一个属性。下面是一个例子:

```
class BankAccount {
    ...
    static percentOf(amount, rate) { return amount * rate / 100 }
    ...
    addInterest(rate) {
        this.balance += BankAccount.percentOf(this.balance, rate)
    }
}
```

无论在类的内部还是外部调用一个静态方法,都需要像上面例子中那样添加类名。

其实,静态方法是构造器的一个属性。以前需要手动进行操作:

```
BankAccount.percentOf = function(amount, rate) {
    return amount * rate / 100
}
```

同样，我们也可以这样定义静态域：

```
BankAccount.OVERDRAFT_FEE = 30
```

在 2020 年年初的 stage 3 提案中，提出了一种用于静态域的基于类的句法：

```
class BankAccount {
    static OVERDRAFT_FEE = 30
    ...
    withdraw(amount) {
        if (this.balance < amount) {
            this.balance -= BankAccount.OVERDRAFT_FEE
        }
        ...
    }
}
```

静态域是构造函数的一个属性，与静态方法一样，我们可以通过类名称访问该域，比如 BankAccount.OVERDRAFT_FEE。

私有静态域和方法（前缀 # ）也在这次的 stage 3 提案中提出。

我们可以声明 getter 和 setter 作为静态方法。setter 还可以用于错误校验：

```
class BankAccount {
    ...
    static get OVERDRAFT_FEE() {
        return this.#OVERDRAFT_FEE  // 在静态方法中，这是一个构造函数
    }
    static set OVERDRAFT_FEE(newValue) {
        if (newValue > this.#OVERDRAFT_FEE){
            this.#OVERDRAFT_FEE = newValue
        }
    }
}
```

4.8 子类

面向对象编程语言中的一个很重要的概念便是继承。类限定了实例的表现，我们还可以创建一个指定类（也被称为超类）的子类。子类的实例即便也继承

了超类的表现，但在某些方面还是不同的。

一个典型的例子是超类 Employee 和子类 Manager 的继承层级。员工（employee）在完成它们的本职工作后会得到报酬，而经理（manager）除了有基本工资，还能在完成目标的情况下得到奖金。JavaScript 与 Java 类似，我们可以用关键词 extends 表示这种 Employee 与 Manager 在层级上的关系。

```
class Employee {
    constructor(name, salary) {...}
    raiseSalary(percent) {...}
    ...
}

class Manager extends Employee {
    getSalary() { return this.salary + this.bonus }
    ...
}
```

在此现象背后建立起了一条原型链（如图 4-4 所示）。Manager.prototype 的原型被设置为 Employee.prototype。因此，任何在子类中未被声明的方法都会在超类中进行搜寻。

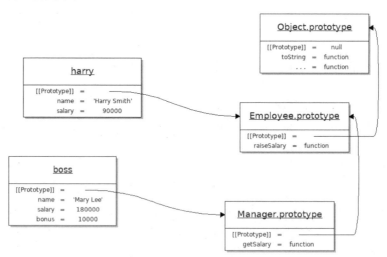

图 4-4　原型链继承

例如，可以在经理对象中调用 raiseSalary 方法：

```
const boss = new Manager(...)
boss.raiseSalary(10) // 调用 Employee.prototype.raiseSalary
```

在使用 extends 句法之前，JavaScript 程序员需要先建立一条原型链。

instanceof 操作符会检测某个对象属于该类还是它的子类。理论上，此操作符会访问该对象的原型链，并且检测是否有该构造函数的原型，例如：

```
boss instanceof Employee
```

由于 Employee.prototype 在 boss 的原型链上，所以此结果为 true。

> **备注**：在 Java 中，extends 关键词用于扩展固定的类。在 JavaScript 中，extends 关键词更加灵活，extends 的右侧可以是任意可生成函数的表达式（或者是 null，如果生成一个非扩展于对象的类）。在 4.11 节中有一个例子。

> **备注**：在 Java 或 C++中，通常会定义抽象的超类或接口，以便调用将在子类中定义的方法。在 JavaScript 中，没有方法应用程序的编译时检查，所以不需要抽象方法。
> 例如，假设我们需要为员工和临时雇员建模，且要从这两个类的对象中中获取工资信息。在静态语言中，我们可以引入一个 Salaried 超类以及一个抽象的 getSalary 方法；在 JavaScript 中，只需要调用 person.getSalary()。

4.9 重写方法

假设超类和子类都有一个 getSalary 方法：

```
class Employee {
    ...
    getSalary() { return this.salary }
}

class Manager extends Employee {
```

```
    ...
    getSalary() { return this.salary + this.bonus }
}
```

然后调用该方法：

```
const empl = ...
const salary = empl.getSalary()
```

如果 `empl` 指向员工，那么会调用 `Employee.prototype.getSalary` 方法；如果 `empl` 指向经理，那么会调用 `Manager.prototype.getSalary` 方法。这种调用方法依赖指向的实际对象的现象被称为多态（polymorphism）。在 JavaScript 中，多态是原型链搜索的结果。

基于此，我们可以认为，`Manager` 类里的 `getSalary` 方法重写了 `Employee` 类里的该方法。

有时我们还需要在子类中调用超类中的方法：

```
class Manager extends Employee {
    ...
    getSalary() { return super.getSalary() + this.bonus }
}
```

`super` 开始查找在声明方法的原型对象中的父对象。在本例中，调用 `super.getSalary` 将绕过 `Manager.prototype`，直接调用 `Employee.prototype` 的 `getSalary`。这也很好理解，否则这会是一个循环调用。

> 备注：在本节中，我们使用了 `getSalary` 作为方法重写的例子，还可以重写 getter 和 setter。
>
> ```
> class Manager extends Employee {
>   ...
>   get salary() { return super.salary + this.bonus }
> }
> ```

4.10 构建子类

在子类的构造函数（constructor）中，我们必须调用超类的构造函数。可以像在 Java 中那样使用 super(...)，在括号中写入需要传给超类构造函数的参数：

```
class Manager extends Employee {
    constructor(name, salary, bonus) {
        super(name, salary) // 必须调用超类的构造方法
        this.bonus = bonus // 之后，this 是有效的
    }
    ...
}
```

this 指针只能在调用 super 之后使用。

如果我们没有提供一个子类的构造方法，那么该构造方法会自动提供。自动提供的构造方法会传递所有参数到超类的构造方法。（这比在 Java 或 C++中的调用超类无参数的构造方法要实用很多。）

```
class Manager extends Employee {
    // 没有构造函数
    getSalary() {...}
}

const boss = new Manager('Mary Lee', 180000) // 调用 Employee('Mary Lee', 180000)
```

在 extends 和 super 关键词加入 JavaScript 语言之前，实现一个调用超类构造方法的子类构造方法的难度要更高。此过程的实现（虽然目前已经没有必要）需要一些高阶工具（见第 11 章）。

 备注：正如我们所了解的，JavaScript 并不是真正意义上具有类的概念。类只是构造函数，而超类是调用超类构造方法的构造函数。

4.11 类表达式

就像可以声明匿名函数一样，我们也可以声明匿名的类：

```
const Employee = class {
    constructor(name, salary) {
        this.name = name
```

```
        this.salary = salary
    }
    raiseSalary(percent) {
        this.salary *= 1 + percent / 100
    }
}
```

class 会生成一个构造函数，此函数被存储在变量 Employee 中。上面的例子与 class Employee {...} 相比，看不出什么效果。

下面是一个更实用的应用程序，我们可以提供一些方法，将功能"混合"到现有的类中：

```
const withToString = base =>
    class extends base {
        toString() {
            let result = '{'
            for (const key in this) {
                if (result !== '{') result += ', ' result += `${key}=${this[key]}`
            }
            return result + '}'
        }
    }
```

使用类调用该函数（也是一个构造函数）获得一个扩张类：

```
const PrettyPrintingEmployee = withToString(Employee) // 一个新的类
e = new PrettyPrintingEmployee('Harry Smith', 90000) // 新类的实例
console.log(e.toString())
// 输出结果是 {name=Harry Smith, salary=90000}，不是 [object Object]
```

4.12 this的指向

在"疯帽人"这一节中，我们会深入了解 this 的指向。如果你只在构造函数、方法、箭头函数中使用 this，而不会在命名函数中使用，那么完全可以跳过本节。

为了理解 this 为什么复杂又麻烦，我们先看 new 操作符。如果不用 new 关键词调用构造函数会如何？比如这样调用：

```
let e = Employee('Harry Smith', 90000) // 未使用 new
```

在严格模式下，this 变量将被设置为 undefined。

幸运的是，这个问题只会在老式的构造函数声明中出现。如果我们使用 class 句法，那么不用 new 调用构造函数将是非法的。

 注意：如果我们不使用 class 句法，那么使用或不使用 new 声明构造函数都是合适的，所以它们有双重功能。以下是一个 Number 函数的例子。

```
const price = Number('19.95')
// 解析字符串并返回原始数字，而不是对象
const aZeroUnlikeAnyOther = new Number(0)
// 构造一个新对象
```

在现代 JavaScript 中，通常会使用 new 调用构造函数。

这里还有一个潜在的问题——很可能出现没有对象却调用一个方法的情况。在这种场景下，this 是 undefined：

```
const doLater = (what, arg) => { setTimeout(() => what(arg), 1000) }
doLater(BankAccount.prototype.deposit, 500) // 错误
```

在表达式 what(arg) 被执行后，deposit 方法会被调用。当获取 this.balance 时，由于 this 是 undefined，所以这次方法的调用会失败。

如果我们需要在指定账户内存钱，那么需要提供账户（account）：

```
doLater(amount => harrysAccount.deposit(amount), 500)
```

再来看嵌套函数，在一个用 function 声明的嵌套函数中，this 是 undefined。这时如果在回调函数中使用 this，可能会遇到麻烦：

```
class BankAccount {
  ...
  spreadTheWealth(accounts) {
    accounts.forEach(function(account) {
      account.deposit(this.balance / accounts.length)
          // 错误，在嵌套函数中 this 是 undefined
    })
    this.balance = 0
```

```
    }
}
```

这里的 `this.balance` 并不指向账户的余额（balance），由于处在嵌套函数中，因此它是 `undefined`。

最好的补救方法是在回调函数中使用箭头函数：

```
class BankAccount {
    ...
    spreadTheWealth(accounts) {
        accounts.forEach(account => {
            account.deposit(this.balance / accounts.length) // this 正确的绑定
        })
        this.balance = 0
    }
}
```

在箭头函数中，`this` 会被静态地绑定到箭头函数外的函数上——在本例中，会被绑定到调用 `spreadTheWealth` 方法的 `BankAccount` 对象上。

> 备注：在有箭头函数之前，JavaScript 程序员使用了一个变通方法——用 `this` 初始化另一个变量。
>
> ```
> spreadTheWealth(accounts) {
>   const that = this
>   accounts.forEach(function(account) {
>     account.deposit(that.balance / accounts.length)
>   })
>   this.balance = 0
> }
> ```

这里还有一个比较隐晦的例子，对 `obj.method(args)` 的任何调用都可以写作 `obj['method'](args)`。因此，当调用 `obj[index](args)` 时，`this` 会指向 `obj`，`obj[index]` 是一个函数，尽管没有点运算符。

下面再构建一个有一组回调函数的场景：

```
class BankAccount {
    constructor() {
        this.balance = 0
```

```
        this.observers = []
    }
    addObserver(f) {
        this.observers.push(f)
    }
    notifyObservers() {
        for (let i = 0; i < this.observers.length; i++) {
            this.observers[i]()
        }
    }
    deposit(amount) {
        this.balance += amount
        this.notifyObservers()
    }
    ...
}
```

假设我们有一个银行账户:

```
const acct = new BankAccount()
```

添加一个 observer:

```
class UserInterface {
    log(message) {
        ...
    }
    start() {
        acct.addObserver(function() { this.log('More money!') })
        acct.deposit(1000)
    }
}
```

当 addObserver 被调用时，this 表示什么？其实是一个 observer 的数组。在调用 this.observers[i]() 时，这个数组会被设置。数组没有 log 方法，因此会发生运行时错误。修复方案还是使用箭头函数:

```
acct.addObserver(() => { this.log('More money!') })
```

> 提示：在一系列规则下，动态地设置 this 是有问题的。为了避免发生问题，请不要在用 function 定义的函数内使用 this。在方法、构造方法以及箭头函数内使用 this 是安全的。这就是黄金法则中的第 5 条。

练习题

1. 使用给定的 *x* 和 *y* 坐标在平面上创建一个点，实现 createPoint 函数。该函数提供 getX、getY、translate 和 scale 方法。translate 方法可以将点沿 *x* 和 *y* 方向移动给定的距离。scale 方法可以按给定比例缩放两个坐标。提示：可以使用 4.1 节中的方法。

2. 使用 4.2 节介绍的构造函数以及原型 prototype，再次实现第 1 题。

3. 使用类（class）句法再次实现第 1 题。

4. 给 *x* 和 *y* 轴提供 getter 和 setter，再次实现第 1 题，并且 setter 中的参数是数字。

5. 一个函数通过添加一个 greet 方法使一个字符串成为 "greetable"：

```
function createGreetable(str) {
    const result = new String(str)
    result.greet = function(greeting) { return `${greeting}, ${this}!` } return result
}
```

典型的用法如下：

```
const g = createGreetable('World')
console.log(g.greet('Hello'))
```

这个函数有一个缺点：每个字符串都会有它自己的一份 greet 方法。请使用 createGreetable 生成一个对象，该对象的原型包含 greet 方法，并确保你可以触发这个方法。

6. 设计一个 withGreeter 方法，它能够添加 greet 方法到任何类，并生成一个新的类：

```
const GreetableEmployee = withGreeter(Employee)
const e = new GreetableEmployee('Harry Smith', 90000) console.log(e.greet('Hello'))
```

提示：参考 4.11 节。

7. 使用私有实例域重写 Employee 类，参考 4.6 节。

8. 抽象类的经典案例之一是树节点，其中有两种节点，一种有子节点（即父节点），另一种无子节点（即叶子节点）：

```
class Node {
    depth() { throw Error("abstract method") }
}
class Parent extends Node {
    constructor(value, children) {...}
    depth() { return 1 + Math.max(...children.map(n => n.depth())) }
}
class Leaf extends Node {
    constructor(value) {...}
    depth() { return 1 }
}
```

这便是我们在 Java 或 C++ 中构建树节点模型的方式。但在 JavaScript 中，我们并不需要抽象类来触发 n.depth()。请重写这个类并提供测试程序（不使用继承的方式）。

9. 请写出一个 Random 类以及静态方法：

```
Random.nextDouble(low, high)
Random.nextInt(low, high)
Random.nextElement(array)
```

它可以生成一个介于 low 和 high 之间的随机数或一个给定数组中的随机元素。

10. 请给出一个类 BankAccount 以及子类 SavingsAccount、CheckingAccount。储蓄账户（Savings Account）利用利息项和 addInterest 函数来添加利息。支票账户（Checking Account）在每次取现时都会收取服务费。请使用超类的方法但不要直接操作超类的状态。

11. 请画出上题中 SavingsAccount 和 CheckingAccount 对象的图（与图 4.4 类似）。

12. Harry 在尝试使用按钮点击来实现翻转 CSS 的代码：

```
const button = document.getElementById('button1') button.addEventListener('click', function () {
```

```
    this.classList.toggle('clicked')
})
```

但这段代码并没有起作用,原因是什么?

在网上搜索后,结果是这样的:

```
button.addEventListener('click', event =>
{                event.target.classList.toggle('clicked')
})
```

虽然上述代码有效,但 Harry 感到这不太规范。如果监听器(listener)没有生成按钮(button)的 event.target,会怎样呢?请不要使用 this 或 event 来解决此问题。

13. 在 4.12 节,我们了解到以下代码并不起作用:

```
const action = BankAccount.prototype.deposit action(1000)
```

那么是否可以使其像下面这样正常运行呢?

```
const harrysAccount = new BankAccount() const action = harrysAccount.deposit action(1000)
```

原因又是什么?

14. 在上一题中,我们定义了一个 action 方法,它可以在 harrysAccount 中存钱。这看上去没什么意义,下面我们添加一些功能,以下方法会在延迟一段时间后调用该函数,并传入延迟作为参数:

```
function invokeLater(f, delay) {
    setTimeout(() => f(delay), delay)
}
```

Harry 会在 1000 毫秒后赚到 1000 美元,一些都是那么完美:

```
invokeLater(amount => harrysAccount.deposit(amount), 1000)
```

那如果换成 Sally 呢?请实现一个可以调用的通用函数 depositInto:

```
invokeLater(depositInto(sallysAccount), 1000)
```

数字和日期

本章内容

5.1 数字字面量 — 111
5.2 数字格式化 — 112
5.3 数字解析 — 113
5.4 数字方法和常量 — 114
5.5 数学运算方法和常量 — 115
5.6 大整数 — 116
5.7 构造日期 — 117
5.8 日期函数和方法 — 121
5.9 日期格式化 — 122
练习题 — 123

第 5 章

在本章中，我们将深入学习 JavaScript API 中的数字和大整数（big integer），然后转向日期操作。在 JavaScript 中，日期可以转换为数字类型——以毫秒为单位的计数。实际上，这种类型转换并不是很实用，这也是我们把数字和日期都写进本章而不是单独分成两个更小的章节的原因。

5.1 数字字面量

JavaScript 中的所有数字类型都是"双精度"格式，基于 IEEE 745 浮点数标准（即 64 位二进制）实现。

整数字面量可以写成十进制、十六进制、八进制或二进制：

```
42
0x2A
0o52
0b101010
```

> **备注**：在旧版的八进制规范的严格模式中，以 0 开头但没有 o（例如 052）的数字表达式是不被允许的。

浮点数字面量可以使用指数格式显示：

```
4.2e-3
```

exob 这些字母可以写成大写或小写，比如 4.2E-3 或者 0X2A。

> **备注**：C++ 和 Java 允许十六进制浮点数字面量写成这样：0x1.0p-10 = 2^{-10} = 0.000976562。JavaScript 是不支持这种格式的。

数字字面量支持下划线分隔符的草案（Underscores in number literal）已经进入 ES 2020 的 stage 3 提案提议阶段，我们可以在数字字面量中的任意两个数字间使用下划线，让数字更清晰。下划线只是为了便于阅读，当数字被解析时，这些下划线会被移除。例如：

```
const speedOfLight = 299_792_458 // 等同于 299792458
```

全局变量 Infinity 和 NaN 指"无穷数"和"不是一个数字"的数值。例如：1 / 0 等于 Infinity，0 / 0 等于 NaN。

5.2 数字格式化

使用 toString 方法，可以将整型数字转换为指定基数的字符串：

```
const n = 3735928559
n.toString(16) // 'deadbeef'
n.toString(8) // '33653337357'
n.toString(2) // '11011110101011011011111011101111'
```

我们也可以把浮点数转换为基数大于 10 的字符串：

```
const almostPi = 3.14;
almostPi.toString(16) // 3.23d70a3d70a3e
```

方法 toFixed 可以指定小数点后显示的位数。调用 x.toExponential(p) 使用指数表示法显示格式化后的字符串，小数点后以 p-1 的值进行四舍五入；x.toPrecision(p) 返回有效数字为 p 位的数字字符串：

```
const x = 1 / 600 // 0.0016666666666666668
x.toFixed(4) // '0.0017'
x.toExponential(4) // '1.6667e-3'
x.toPrecision(4) // '0.001667'
```

toPrecision 方法可以将过多的有效数字或零转变为指数格式表示，见练习题 3。

 备注：JavaScript 标准库中没有与 C 语言 printf 等价的函数，但是有第三方实现。[1]

console.log 方法支持类似 printf 的占位符 %d、%f 和 %s，但是没有宽度、填充和精度修饰符。

5.3 数字解析

在第 1 章中，我们了解了如何解析包含数字的字符串。

```
const notQuitePi = parseFloat('3.14') // 数字 3.14
const evenLessPi = parseInt('3') // 整数 3
```

这些方法忽略了空格前缀和非数字后缀，例如 parseInt('3A') 等于 3。

如果在非空格字符后面没有数字，那么解析结果是 NaN，例如 parseInt('A3') 等于 NaN。

parseInt 方法接受十六进制表达式，例如 parseInt('0x3A') 等于 58。

有时我们只想接受十进制格式字符串，没有前置空格或后缀。在这种情况下，最好的选择是使用正则表达式：

```
const intRegex = /^[+-]?[0-9]+$/
if (intRegex.test(str)) value = parseInt(str)
```

对于浮点型数字，正则表达式会更复杂一些：

```
const floatRegex = /^[+-]?((0|[1-9][0-9]*)(\.[0-9]*)?|\.[0-9]+)([eE][+-]?[0-9]+)?$/
if (floatRegex.test(str)) value = parseFloat(str)
```

第 6 章将介绍更多有关正则表达式的内容。

 注意：网络上有各种从字符串中识别数字的貌似正确的方法，但是在使用细节上需要注意。上面的正则表达式完全适用于 JavaScript 标准的十

---

[1] 网址详见本书电子资源文档。

进制数字，前面有一个可选的符号，然而 JavaScript 不支持数字内嵌下划线（例如 1_000_000）。

解析基数不是 10 的数字，需要设置以 2~36 为基数的第二个参数。例如：

parseInt('deadbeef', 16) // 3735928559

5.4 数字方法和常量

方法 Number.parseInt、Number.parseFloat 等同于全局的方法 parseInt、parseFloat。

调用 Number.isNaN(x) 检查 x 是否为 NaN（特殊的值"不是一个数字"）。（我们无法通过 x === NaN 进行比较，因为两个 NaN 值是不对等的。）

为了校验一个值 x 是数字而非 Infinity、-Infinity 或 NaN，我们可以使用 Number.isFinite(x)。

 注意：不要使用全局方法 isNaN 和 isFinite，它们会将非数值的参数转换为数字，这就意味着返回的可能不是正确结果。

```
isNaN('Hello') // true
isFinite([0]) // true
```

静态方法 Number.isInteger 和 Number.isSafeInteger 检查参数是否为整数，或者整数是否在没有舍入误差（no roundoff）的安全整数范围内。

这个范围为从 Number.MIN_SAFE_INTEGER（$-2^{53}+1$ 或 $-9,007,199,254,740,991$）到 Number.MAX_FADE_INTEGER（$2^{53}-1$ 或 $9,007,199,254,740,991$）。

最大数值是 Number.MAX_VALUE（$(2-2^{-52})\ 2^{1023}$ 或接近 $1.8×10^{308}$）。最小正数是 Number.MIN_VALUE（2^{-1074} 或接近 $5×10^{-324}$）。Number.EPSILON（2^{-52} 或接近 $2.2×10^{-16}$）是 1 和可表示的大于 1 的最小浮点数之间的差值。

最后，Number.NaN、Number.POSITIVE_INFINITY、Number.NEGATIVE_INFINITY 和全局的 NaN、Infinity、-Infinity 是一样的。如果担心别人在局部变量中声明 NaN 或 Infinity，可以使用这些值来替代。

表 5-1 列出了 Number 类中最常用的一些特性。

表 5-1 Number 类常用的函数、方法和常量

名称	描述
函数	
isNaN(x)	如果 x 为 NaN, 则返回 true。注意, 不能用 ===, 因为 x===NaN 始终为 false
isFinite(x)	如果 x 不为±Infinity、NaN, 则返回 true
isSafeInteger(x)	如果 x 在上述的安全整数范围（safe range）内, 则返回 true
方法	
toString(base)	使用给定的基数将数字转换为字符串（基数从 2 到 36）。(200).toString(16) 返回 'c8'
toFixed(digitsAfterDecimalPoint), toExponential(significantDigits), toPrecision(significantDigits)	指定位数的数字或指数表达式, 或者是两种方法中最便捷的那个。例如, 格式化 0.001666 并保留 4 位, 这 3 个方法分别返回 '0.0017'、'1.667e-3'、'0.001667'
常量	
MIN_SAFE_INTEGER, MAX_SAFE_INTEGER	在可表示为浮点数没有舍入误差的安全整数范围内
MIN_VALUE, MAX_VALUE	包含所有浮点数的数值范围

5.5 数学运算方法和常量

Math 类定义了一些用于指数计算、三角函数等数学运算的函数和常量。表 5-2 包含了一个完整的列表。大部分函数是比较特殊的。

这里有几个常用的函数。

max 和 min 函数返回任意给定数值中的最大值和最小值：

```
Math.max(x, y) // x,y 中的最大值
Math.min(...values) // 返回数组中的最小值
```

Math.round 方法返回一个数字四舍五入后最接近的整数, 参数小数部分如果大于等于 0.5, 则舍入为相邻绝对值更大的整数；如果小于 0.5, 则舍入为相邻绝对值更小的整数。

Math.trunc 只是简单地去掉数字的小数部分。

```
Math.round(2.5) // 3
Math.round(-2.5) // -2
```

```
Math.trunc(2.5) // 2
```

调用 `Math.random()` 返回一个 0（不包含）和 1 之间的浮点数。生成一个 a（不包含）和 b 之间的浮点数或整数，可以这样做：

```
const randomDouble = a + (b - a) * Math.random()
const randomInt = a + Math.trunc((b - a) * Math.random()) // a, b 都是整数
```

表 5-2　Math 类的函数和常量

名称	描述
函数	
min(values...), max(values)	可以通过传入给定的任意个数的参数来调用这些方法
abs(x), sign(x)	返回绝对值和返回数字符号(1, 0, −1)
random()	随机数 $0 \leqslant r < 1$
round(x), trunc(x), floor(x), ceil(x)	四舍五入为最接近的整数；截断小数部分后的整数；取下一个更小或更大的整数
fround(x), ftrunc(x), ffloor(x), fceil(x)	四舍五入为 32 位浮点数
pow(x, y), exp(x), expm1(x), log(x), log2(x), log10(x), log1p(x)	x^y、e^x、e^x-1、$\ln(x)$、$\log_2(x)$、$\log_{10}(x)$、$\ln(1+x)$
sqrt(x), cbrt(x), hypot(x, y)	$\sqrt{x}$、$\sqrt[3]{x}$、$\sqrt{x^2+y^2}$
sin(x), cos(x), tan(x), asin(x), acos(x), atan(x), atan2(y, x)	三角函数
sinh(x), cosh(x), tanh(x), asinh(x), acosh(x), atanh	双曲函数
常量	
E, PI, SQRT2, SQRT1_2, LN2, LN10, LOG2E, LOG10E	e、π、$\sqrt{2}$、$\sqrt{1/2}$、$\ln(2)$、$\ln(10)$、$\log_2(e)$、$\log_{10}(e)$

5.6　大整数

大整数（big integer）是一个任意位数的整数。大整数必须有后缀 n，例如 8159152832478977343456112695961158942720000000000n。我们也可以选择使用 `BigInt(expr)` 将任意整型数值转换为大整数。

使用 `typeof` 操作符检测大整数会返回 `bigint`。

算术运算法可以将两个大整数处理为一个新的大整数：

```
let result = 8159152832478977343456112695961158942720000000000n * BigInt(41)
// 结果返回 334525266131638071081700620534407516651520000000000n
```

 注意：不能将一个大整数和一个其他类型的数值做算术运算。例如，8159152832478977343456112695961158942720000000000n * 41 会报错。

运算两个大整数，当/运算符计算返回结果时，会忽略余数。例如，`100n / 3n` 返回 `33n`。

`BigInt` 类只有两个非常有技术性的函数——`BigInt.asIntN(bits, n)` 和 `BigInt.asUnitN(bits, n)`，这两个方法会将 n 转换为一个介于 -2^{bits-1} 和 $2^{bits-1}-1$ 之间的有符号整数或介于 0 和 $2^{bits}-1$ 之间的无符号整数。

5.7 构造日期

在深入了解 JavaScript 的日期 API 之前，我们先回顾几种计量时间的概念。

历史上，基准的时间单位——秒（second），是由地球绕轴自转推导出来的。一次完整的地球自转需要 24 小时，也就是 24×60×60 = 86400 秒，所以"如何精确定义秒"似乎是一个天体测量的问题。然而，地球会出现轻微摆动，因此需要一个更加精细的定义。1967 年，根据铯-133 原子的内在属性，科学家得出了与历史定义相匹配的第二个定义。[1]从那时起，原子钟（atomic clock）开始广泛作为官方时间。

官方的计时员经常会将绝对时间与地球自转同步。最初官方的闰秒只是稍作调整，但从 1972 年开始会根据需要偶尔插入"闰秒"。（理论上，可能需要移除 1 秒，但现在还没有发生。[2]）显然，闰秒是一种麻烦的东西，许多计算机系统用"平滑"代替，即在闰秒之前人为地减慢或加快时间，每天保持 86400 秒。这样做是因为计算机上的本地时间并不是那么精确，计算机是用来与外部时间服务同步的。

---

[1] 译者注：国际单位制中的秒开始以铯-133（caesium-133）的发射光谱中一个特殊的频率作为定义。

[2] 译者注：目前发生的闰秒均为正闰秒。

由于世界各地的人们都喜欢把零点对应于一个或多或少处于午夜时分的点,所以各地的时间也所有不同。但是为了比较时间,需要一个共同的参照点。由于历史的原因,这个时间就定在经过英国格林威治皇家天文台的子午线时间(未根据夏令时调整)。这个时间就是我们熟知的"协调世界时(Coordinated Universal Time)",又叫 UTC 时间。这个缩写是前面的英文名和法语名称"Temps Universel Coordiné"的折中,在两种语言中会有所区别。

在计算机上表示时间,需要一个固定的时间点,以便于向前或向后调整。这就是"纪元(epoch)"——UTC 时间 1970 年 1 月 1 号星期四的午夜。

在 JavaScript 中,时间从纪元开始,按照毫秒平滑的度量,无论哪个方向,有效范围都是 ±100,000,000 天。

JavaScript 使用标准的 ISO 8601 格式的时间点 YYYY-MM-DDTHH:mm:ss.sssZ,其中 4 位数字表示年,2 位数字表示月、日、小时、分和秒,3 位数字表示毫秒。字母 T 用于分隔天和小时,后缀 Z 表示与 UTC 的零偏移。

例如,纪元是:

```
1970-01-01T00:00:00.000Z
```

备注:你可能好奇怎么格式化距离纪元 100,000,000 天近 274,000 年的一天。"公元"前的日期是怎么表示的?

对于这些日期,年份用 6 位数字和 1 个符号表示,如 ±YYYYYY。JavaScript 的最大有效日期是:

```
+275760-09-13T00:00:00.000Z
```

0001 年的前一年是 0000 年,再往前一年是 -000001 年。

在 JavaScript 中,一个时间点由 `Date` 类实例表示。调用 `Time` 类是一个不错的思路,但是这个类继承了 Java 中 `Date` 类的名称和一些缺陷,并且加入了它自己的特性。

查看表 5-3 可以获取 `Date` 类最常用的特性。

表 5-3 Date 类常用的构造器、函数和方法

名称	描述
构造器	
new Date(iso8601String)	通过 ISO 8601 时间字符串构造一个 Date 对象，例如 '1969-07-20T20:17:40.000Z'
new Date()	构造一个表示当前时间的 Date 对象
new Date(从纪元起的毫秒数)	
new Date(year, zeroBasedMonth, day, hours, minutes, seconds, millseconds)	使用本地时区，至少需要传入两个参数
函数	
UTC(year, zeroBasedMonth, day, hours, minutes, seconds, milliseconds)	返回从纪元至今的毫秒数，而不是 Date 对象
方法	
getUTCFullYear(), getUTCMonth(), getUTCDate(), getUTCHours(), getUTCMinutes(), getUTCSeconds(), getUTCMilliseconds()	分别返回：0～11 的月份、1～31 的日期、0～23 的小时数
getUTCDay()	工作日，0（周日）～6（周六）
getTime()	从纪元至今的毫秒数
toISOString	返回一个 ISO 8601 格式的字符串，例如 '1969-07-20T20:17:40.000Z'
toLocaleString(locale, options), toLocaleDateString(locale, options), toLocaleTimeString(locale, options)	可读的日期和时间，也可以只有日期或时间。参考第 8 章获取 locale 和 options 的详情

我们可以通过指定 ISO 8601 字符串或相对纪元的毫秒数来构造一个日期。

```
const epoch = new Date('1970-01-01T00:00:00.000Z')
const oneYearLater = new Date(365 * 86400 * 1000) // 1971-01-01T00:00:00.000Z
```

使用 Date 构造函数，如果不传入任何参数，则返回当前时间。

```
const now = new Date()
```

注意：使用 new 关键字调用 Date 构造函数。直接调用构造函数会忽略所有参数且不会返回 Date 对象，而是生成一个描述当前时间的字符串——甚至不是 ISO 8601 格式。

```
Date(365 * 86400 * 1000)
```

```
// 忽略传入的参数，并且返回一个字符串
// 'Mon Jun 24 2020 07:23:10 GMT+0200 (Central European Summer Time)'
```

 注意：在算术表达式中使用 Date 对象时，它会被自动转换，可能被转换为前面的注释中的字符串格式，也可能被转换为纪元后的毫秒数。

```
oneYearLater + 1
// 'Fri Jan 01 1971 01:00:00 GMT+0100 (Central European Summer Time)1'
oneYearLater * 1 // 31536000000
```

这只在计算两个日期之间的距离会用到：

```
const before = new Date()
// 做一些处理
const after = new Date()
const millisecondsElapsed = after - before
```

我们可以使用本地时区时间构造 Date 对象：

`new Date(year, zeroBasedMonth, day, hours, minutes, seconds, milliseconds)`

从 day 开始的所有参数是可选的。（至少需要两个参数来区分这种形式并调用 new Date(millisecondsFromEpoch) 构造函数。）

由于历史原因，month 参数是从 0 开始的，而 day 却不是。

例如，当我写下这些代码时，我正处在格林威治天文台以东 1 小时的地方。当我求值时：

`new Date(1970, 0 /* 1月 */, 1, 0, 0, 0, 0) // 注意当前时区`

会得到：

`1969-12-30T23:00:00.000Z`

读者在尝试时可能得到不同的结果，这取决于你所在的时区。

 注意：如果为 zeroBasedMonth、day、hours 等参数提供了超出范围的值，那么日期会被默认调整。例如，new Date(2019, 13, -2) 是 2020 年 1 月 29 日。

5.8 日期函数和方法

Date 类有如下 3 种静态方法。
- Date.UTC(year, zeroBaseMonth, day, hours, minutes, seconds, milliseconds)
- Date.parse(dateString)
- Date.now()

UTC 函数和带有多个参数的构造函数类似，但生成的是 UTC 格式的日期。

parse 函数可以解析 ISO 8601 的函数，也可以解析其他格式（参考练习题 17）。

Date.now() 生成当前的日期和时间。

 注意：不幸的是，这 3 个函数返回的都是自纪元之后的毫秒数，而不是 Date 对象。

要从 UTC 组件中实际构建一个日期，需要调用：

const deadline = new Date(Date.UTC(2020, 0 /* 1 月 */, 31))

Date 类具有 Java 风格的 getter 和 setter 方法，例如，getHours/setHours 不是 JavaScript 的 get/set 方法。

要获得日期对象的组件，调用方法 getUTCFullYear、getUTCMonth（0～11）、getUTCDate（1～31）、getUTCHours（0～23）、getUTCMinutes、getUTCSeconds 和 getUTCMilliseconds。

不带 UTC 的方法（即 getFullYear、getMonth、getDate 等）以本地时间的格式返回相同信息。除非需要给用户显示当地时间，否则我们可能用不到这些方法。如果需要显示当地时间，应该用 5.9 节中的日期格式化方法之一。

getUTCDay 方法返回 0（星期天）到 6（星期六）之间的工作日。

```
const epoch = new Date('1970-01-01T00:00:00.000Z')
epoch.getUTCDay() // 4 (星期四)
epoch.getDay() // 3, 4 或者 5, 取决于调用的位置和时机
```

📄 **备注**：曾经的 getYear 方法返回两位数的年份。显然，在 1995 年创建 JavaScript 时，没人能预料到两位数的年份会有问题。

JavaScript 有和 Java 一样的错误：Date 对象是可变的，以及每个时间单位都有对应的 setter，具体可参考练习题 16。setter 会默认将 Date 调整为下一个有效日期：

```
const appointment = new Date('2020-05-31T00:00:00.000Z')
appointment.setUTCMonth(5 /* June */) // appointment 现在是 7 月 1 日
```

5.9　日期格式化

方法 `toString`、`toDateString`、`toTimeString` 和 `toUTCString` 以一种可读但不是特别人性化的格式返回字符串：

```
'Sun Jul 20 1969 21:17:40 GMT+0100 (Mitteleuropäische Sommerzeit)'
'Sun Jul 20 1969'
'21:17:40 GMT+0100 (Mitteleuropäische Sommerzeit)'
'Sun, 20 Jul 1969 20:17:40 GMT'
```

注意，时区（不是工作日或月）会出现在用户的语言环境（locale）中。

为了友好地展示日期和时间，可以使用 `toLocaleString` 方法将日期和时间格式化，也可以使用 `toLocaleDateString`、`toLocaleTimeString` 方法单独将日期或时间部分格式化。格式化规则使用用户当前的或已定义好的语言环境：

```
moonlanding.toLocaleDateString() // '20.7.1969' 如果语言环境是德语
moonlanding.toLocaleDateString('en-US') // '7/20/1969'
```

默认格式是比较短的，但我们提供格式化选项来改变它：

```
moonlanding.toLocaleDateString('en-US', { year: 'numeric', month: 'long', day: 'numeric' }) // 'July 20, 1969'
```

第 8 章会阐述语言环境的概念，详细展示这些可选项。

为了生成机器可读的日期，简单地调用 `toIOSString` 方法就能返回一个 IOS 8601 标准的字符串：

```
moonlanding.toISOString() // '1969-07-20T20:17:40.000Z'
```

练习题

1. 0 和 -0 在 IEEE 754 标准中是不同的。提供一个函数 plusMinusZero(x)，如果 x 等于 0 则返回 +1；如果 x 等于 -0，则返回 -1；如果 x 是其余数值，则返回 0。提示：Object.is, 1 / 0。

2. 有 3 种 IEEE 754 "双精度"浮点数值如下。
   - "标准化（normalized）"数值。
   - ±0 和"非标准化（denormalized）"数值。
   - 特殊数值 ±∞, NaN。

   编写一个函数，针对一个给定的浮点数值返回对应类型：normalized、denormalized 或 special。

3. 假设数字 x 以常数为 e 的指数方程式展示。给出一个依赖于 e 和 p 的环境，在此条件下调用 x.toPrecision(p)，以固定格式显示结果。

4. 编写一个函数，按照输出规范的要求格式化一个数字类型。例如，format(42, "%04x") 应该输出 002A。

5. 编写一个函数，返回一个浮点数的指数，即以指数表达式的形式输出 e 之后的值。使用二分查找法，不要使用任何 Math 或 Number 的方法。

6. 阐述 5.4 节中给定的 Number.MAX_VALUE、Number.MIN_VALUE 和 Number.EPSILON 的值。

7. 编写一个函数，计算给定整数 n 后可表示的最小浮点型数字。提示：1 之后可表达的最小数字是多少？2 之后的？3 之后的？4 之后的？你可能需要参考描述 IEEE 浮点表示的文案。如果你能得到任意数的结果，那就是额外加分项。

8. 在一行不超过 80 个字符的代码中生成一个大整数，不使用循环函数或递归的方法，数字 3 重复 1000 次。

9. 编写一个函数，将 Date 对象转换为一个带有 year、month、day、weekday、hours、minutes、seconds、millis 的对象。

10. 编写一个函数，确定用户偏移 UTC 时间多少小时。

11. 编写一个函数，确定一个年份是否为闰年。请使用两种不同的实现方式。

12. 编写一个函数，返回某一天是星期几，不能使用 Date.getUTCDay/getDay 方法。提示：纪元当天是星期四。

13. 编写一个函数，按照一个给定的年、月（默认按照当前的年、月）返回一个日历，例如：

```
         1  2  3  4  5
 6  7  8  9 10 11 12
13 14 15 16 17 18 19
20 21 22 23 24 25 26
27 28 29 30 31
```

14. 编写一个函数，传入两个日期参数，返回日期之间的天数，其中小数部分表示剩余小时数在一天中的占比。

15. 编写一个函数，传入两个日期参数，返回日期之间的年数，这个问题比上面的更复杂，因为年份的长度是可变的。

16. 假设给定一个截止时间，你需要把它设置到 2 月 1 日：

```
const deadline = new Date(Date.UTC(2020, 0 /* 1 月 */, 31))
```

下面代码的结果是什么？

```
deadline.setUTCMonth(1 /* 2 月 */)
```

```
deadline.setUTCDate(1)
```

或许有人经常会在 setUTCMonth 之前调用 setUTCDate？在哪种情况下这样的调用不成功，请给出一个例子。

17. 在你喜欢的 JavaScript 运行时中，尝试哪些字符串是被 Date.parse(dateString) 或 new Date(dateString) 接受的。尝试下面的例子：Date() 返回的字符串

```
'3/14/2020'
'March 14, 2020'
'14 March 2020'
'2020-03-14'
'2020-03-14 '
```

可怕的是，在 Node.js 13.11.0 版本中，最后的两个字符串会返回两个不同的日期。

字符串和正则表达式

本章内容

- 6.1 字符串和码位序列的转换 — 127
- 6.2 字符串子集 — 128
- 6.3 其他字符串方法 — 130
- 6.4 带标签的模板字面量 — 133
- 6.5 原始模板字面量 — 134
- 6.6 正则表达式 — 135
- 6.7 正则表达式字面量 — 139
- 6.8 修饰符（标志）— 139
- 6.9 正则表达式和 Unicode 编码 — 140
- 6.10 RegExp 类方法 — 142
- 6.11 分组 — 143
- 6.12 正则表达式相关的字符串方法 — 145
- 6.13 关于正则替换的更多内容 — 147
- 6.14 奇异特性 — 148
- 练习题 — 150

第 6 章

本章将介绍标准库提供的字符串处理方法以及正则表达式。正则表达式可以让我们在字符串中找出匹配模板的子字符串。在介绍正则表达式语法和 JavaScript 中的正则特有的特性之后，我们将了解到如何使用这些 API 找出并替换相匹配的字符串。

6.1 字符串和码位序列的转换

一个字符串是一系列 Unicode 编码。每个码位（code point）都是一个 0～0x10FFFF 的整数。`String` 类的 `fromCodePoint` 函数可以从码位参数中组装一个字符串：

```
let str = String.fromCodePoint(0x48, 0x69, 0x20, 0x1F310, 0x21) // 'Hi 🌐!'
```

如果码位在数组中，那么可以使用扩展运算符：

```
let codePoints = [0x48, 0x69, 0x20, 0x1F310, 0x21]
str = String.fromCodePoint(...codePoints)
```

相反地，我们也可以把一个字符串转换为一个码位数组：

```
let characters = [...str] // [ 'H', 'i', ' ', '🌐', '!' ]
```

返回结果是一个字符串数组，每个元素为一个码点。我们可以以整数的形式获取码位：

```
codePoints = [...str].map(c => c.codePointAt(0))
```

 注意:JavaScript 将字符串存储为 UTF-16 编码单位。比如,调用 'Hi 🌍!'.codePointAt(i)时使用的偏移量 i 的有效性依赖于 UTF-16 的编码。在本例中,有效的偏移量为 0、1、2、3 和 5。如果偏移量位于一对编码单元中间,并将其视为一个单独的码点,则返回一个无效的码位。

如果需要在不使用数组的条件下遍历字符串的所有码点,可以使用这个循环:

```
for (let i = 0; i < str.length; i++) {
  let cp = str.codePointAt(i)
  if (cp > 0xFFFF) i++
  ... // 处理码位 cp
}
```

6.2 字符串子集

indexOf 方法返回一个子字符串在字符串中第一次出现的索引:

```
let index = 'Hello yellow'.indexOf('el') // 1
```

lastIndexOf 方法返回一个子字符串在字符串中最后一次出现的索引:

```
index = 'Hello yellow'.lastIndexOf('el') // 7
```

与 JavaScript 字符串中的所有偏移量一样,这些值是 UTF-16 编码中的偏移量:

```
index = 'I ♡ yellow'.indexOf('el') // 4
```

偏移量是 4,是因为"黄色心"的表情图标被编码成了两个 UTF-16 编码单元。

如果不存在这个子字符串,那么这些方法返回 -1。

startsWith、endsWith 和 includes 方法返回一个布尔值结果:

```
let isHttps = url.startsWith('https://')
let isGif = url.endsWith('.gif')
let isQuery = url.includes('?')
```

6.2 字符串子集

给定两个UTF-16编码单元的偏移量，substring 方法会提取一个子字符串，这个子字符串包括从第一个偏移量到第二个偏移量（但不包括第二个偏移量）的所有字符。

```
let substring = 'I ♡ yellow'.substring(3, 7) // 'yell'
```

如果我们省略第二个偏移量，则包含了直到字符串末尾的所有字符：

```
let substring = 'I ♡ yellow'.substring(3) // 'yellow'
```

slice 方法与 substring 类似，不同之处在于负偏移量是从字符串的末尾开始计算的。-1 是最后一个编码单元的偏移量，-2 是前一个代码单元的偏移量，以此类推。这是通过将字符串长度加上负偏移量来实现的。

```
'I ♡ yellow'.slice(-6, -2) // 'yell'，与 slice(3, 7)相同
```

'I ♥ yellow' 的长度是 9。如前面所说，♥占两个编码单元。偏移量-6 和-2 被调整为 3 和 7。

无论是使用 slice 方法，还是使用 substring 方法，大于字符串长度的偏移量都会被截断为字符串长度，负偏移量和 NaN 偏移量会被截断为 0（在 slice 方法中，这种情况发生在字符串长度加上负偏移量之后）。

 注意：如果 substring 的第一个参数大于第二个，那么两个参数会被互换！

```
substring = 'I ♡ yellow'.substring(7, 3) // 'yell'，与 substring(3, 7)相同
```
相反地，在 str.slice(start, end)中，如果 start ≥ end，则会产生空字符串。

相比于 substring 方法，我更倾向于使用 slice 方法。slice 方法更通用，行为更简洁，并且方法名称更短。

另一种拆分字符串的方法是 split 方法。该方法将字符串拆分为子字符串数组，同时移除提供的分隔符。

```
let parts = 'Mary had a little lamb'.split(' ')
// ['Mary', 'had', 'a', 'little', 'lamb']
```

我们还可以指定分隔的子字符串的数量：

```
parts = 'Mary had a little lamb'.split(' ', 4)
```

// ['Mary', 'had', 'a', 'little']

分隔符可以是正则表达式,具体请参考 6.12 节。

 注意:在调用 str.split('')时,使用空分隔符,被拆分出来的每个子字符串占用 16 位编码单元,因此当 str 包含大于\u{FFFF}的字符时是不可用的。这种情况下需要使用[...str]进行替换。

6.3 其他字符串方法

在本节中,我们将找到 String 类的各种方法。由于在 JavaScript 中字符串是不可变的,因此所有字符串方法都不会改变原有的字符串,而是返回一个新的字符串。

repeat 方法会返回一个重复给定次数的字符串:

```
const repeated = 'ho '.repeat(3) // 'ho ho ho '
```

trim 方法会将字符串开头和结尾的空白字符都移除,并返回一个新的字符串;trimStart 和 trimEnd 则只会移除开头或结尾的空白字符。空白字符包括空格字符串、不换行空格\u{00A0}、换行符、制表符,以及其他 21 个 Unicode 字符属性为 White_space 的字符。

padStart 和 padEnd 方法则相反——它们给字符串增加空格字符,直到字符串满足给定的最小长度:

```
let padded = 'Hello'.padStart(10) // '     Hello',增加了 5 个空格
```

我们也可以提供自定义的填充字符串:

```
padded = 'Hello'.padStart(10, '=-') // =-=-=Hello
```

 注意:第一个参数是填充后的字符串的字节长度。如果我们提供的填充字符串包含长度为 2 字节的字符,可能会得到一个畸形的字符串。

```
padded = 'Hello'.padStart(10, '♡') // 填充了两个心和一个独一无二的编码单元
```

toUpperCase 和 toLowerCase 方法返回一个字符串,其中所有字符转换为大写或小写。

```
let uppercased = 'Straße'.toUpperCase() // 'STRASSE'
```

可以看到,toUpperCase 方法可以识别德语字符 'ß' 的大写形式是字符串 'SS'。

注意,toLowerCase 方法不会恢复原始的字符串:

```
let lowercased = uppercased.toLowerCase() // 'strasse'
```

 备注:类似转换大写和小写这样的字符串操作取决于用户的语言偏好设置。第 8 章中将介绍 toLocalUpperCase、toLocalLowerCase、localCompare 和 normalize 方法,这些方法对应用本地化很有用。

 备注:6.12 节将介绍 match、matchAll、search 和 replace 方法,这些方法会和正则表达式一起使用。

concat 方法串联字符串和任意数量的被转换为字符串的参数:

```
const n = 7
let concatenated = 'agent'.concat(' ', n) // 'agent 7'
```

我们可以使用模板字符串或 Array 类的 join 方法实现同样的效果:

```
concatenated = `agent ${n}`
concatenated = ['agent', ' ', n].join('')
```

表 6-1 展示了 String 类最有用的功能。

表 6-1 String 类有用的函数和方法

名称	描述
函数	
fromCodePoint(codePoints...)	生成由给定码点组成的字符串
方法	
startsWith(s),endsWith(s),includes(s)	如果字符串以 s 开头、结尾,或包含子字符串 s,则返回 true
indexOf(s, start),lastIndexOf(s, start)	从 start 的位置开始(默认是 0),返回 s 第一次或最后一次出现的开头的索引

续表

名称	描述
slice(start, end)	返回从 start（包含）到 end（不含）之间的子字符串的编码单元。负的索引值会从字符串的结尾开始计算。end 默认是字符串的长度。这个方法比 substring 更好
repeat(n)	将当前字符串重复 n 次
trimStart(),trimEnd(),trim()	将当前字符串开头、结尾或开头和结尾的空白移除
padStart(minLength, padString), padEnd(minLength, padString)	使用 padString（默认为' '）填充当前字符串的开头或结尾，直到字符串的长度达到 minLength
toLowerCase(), toUpperCase()	将当前字符串的所有字母转换为小写或大写
split(separator, maxParts)	使用分隔符将字符串分隔为多个部分并作为数组返回，同时移除分隔符（分隔符可以是正则表达式）。如果没有指定 maxParts，那么所有的部分都会返回
search(target)	返回第一个匹配 target 的子字符串的索引（target 可以是一个正则表达式）
replace(target, replacement)	将当前字符串第一个匹配 target 的子字符串替换。如果 target 是全局正则表达式，则所有匹配的子字符串都将被替换。6.13 节将介绍替换模板和函数
match(regex)	如果 regex 是全局的，则会返回所有的匹配结果组成的数组；如果没有匹配的子字符串，则会返回 null；其他情况则返回匹配结果。匹配结果是一个包含所有分组匹配的数组，以及 index 属性（匹配到的子字符串的索引）和 group 属性（一个映射分组名称和匹配子字符串的对象）
matchAll(regex)	返回一个由匹配结果组成的可迭代对象

最后，还有一些用于将 URL 组件以及整个 URL ——或者更广泛的、使用模式的 URI，例如 mailto 或 tel——编码为"URL 编码"格式的全局函数。这种格式只使用在互联网发明初期时被认为是"安全"的字符。如果需要查询一个词组如何翻译到另一门语言，或许会使用如下 URL：

```
const phrase = 'à coté de'
const prefix = 'https://www.linguee.fr/anglais-francais/traduction'
const suffix = '.html'
const url = prefix + encodeURIComponent(phrase) + suffix
```

这个词组会被编码为 `%C3%A0%20cot%C3%A9%20de`，一些字符被编码为 UTF-8，然后每个字节被编码为两个十六进制数字 `%hh`。只留下了"安全"的字符：

`A-Z a-z 0-9 ! ' ( ) * . _ ~ -`

在少数情况下，如果需要编码整个 URI，那么可以使用 `encodeURI` 函数。除了以上字符，它还会留下如下字符：

`# $&+,/:;=?@`

这些字符没有改变，因为它们在 URI 中有特殊的含义。

6.4 带标签的模板字面量

第 1 章介绍了模板字面量——带有嵌入式表达式的字符串：

```
const person = { name: 'Harry', age: 42 }
message = `Next year, ${person.name} will be ${person.age + 1}.`
```

模板字面量将嵌入表达式的值插入模板字符串。在这个示例中，取嵌入表达式 `person.name` 和 `person.age + 1` 的值，转换为字符串，并和周围的字符串片段进行拼接。结果是字符串：

`'Next year, Harry will be 43.'`

我们可以用一个标签函数自定义模板字面量的行为。例如，写一个标签函数 `strong` 生成一个 HTML 字符串，将嵌入值高亮显示。调用：

`` strong`Next year, ${person.name} will be ${person.age + 1}.` ``

会生成一个 HTML 字符串：

`'Next year, <strong>Harry</strong> will be <strong>43</strong>.'`

在调用标签函数时，需要传入字面量字符串中嵌入式表达式周围的片段和表达式的值。在本例中，这些片段是 `Next year,`、`will be` 和 `.`，表达式的值是 `Harry` 和 `43`。标签函数将这些片段组合在一起，如果返回值不是字符串，则转换为字符串。

这是一个标签函数 `strong` 的实现：

```
const strong = (fragments, ...values) => {
    let result = fragments[0]
    for (let i = 0; i < values.length; i++)
        result += `<strong>${values[i]}</strong>${fragments[i + 1]}`
    return result
}
```

当处理模板字符串时：

strong`Next year, ${person.name} will be ${person.age + 1}.`

strong 函数是这样调用的：

strong(['Next year, ', ' will be ', '.'], 'Harry', 43)

需要注意的是，所有字符串片段都被放入一个数组中，而表达式的值则作为单独的参数传递。strong 函数使用扩展运算符将它们都聚集在第二个数组中。

另外，片段总是比表达式值多一个。

这种机制是非常灵活的。我们可以将其用于 HTML 模板、数字格式化、国际化等。

6.5　原始模板字面量

如果为模板字面量增加一个前缀 String.raw，那么反斜杠就不会被转义：

path = String.raw`c:\users\nate`

其中，\u 并不表示 Unicode 转义，\n 也不会被转换为换行符。

 注意：即使在原始模式中，我们也不能直接在字符串中使用反引号，仍然需要转义所有`字符、在{前的$，以及在`和{前的\。

虽然如此，但这并不能很好地解释 String.raw 是如何工作的。标签函数可以使用"原始"格式的模板字符串片段，其中像\u 和\n 这样的反斜杠组合会失去特殊含义。

假设我们想处理带希腊字母的字符串。按照 LaTeX 标记语言对数学公式的惯例，在这种语言中，符号使用反斜杠开头。因此，原始字符串很有用——用户希望能够直接写\nu 和\upsilon，而不是\\nu 和\\upsilon。这里有一个示例的字符串，假设我们要处理这个字符串：

greek`\nu=${factor}\upsilon`

和处理其他带标签的模板字符串一样，我们需要定义一个函数：

```
const greek = (fragments, ...values) => {
  const substitutions = { alpha: 'α', ..., nu: 'v', ... }
  const substitute = str => str.replace(/\\[a-z]+/g,
    match => substitutions[match.slice(1)])

  let result = substitute(fragments.raw[0])
  for (let i = 0; i < values.length; i++)
    result += values[i] + substitute(fragments.raw[i + 1])
  return result
}
```

我们可以通过标签函数第一个参数的 `raw` 属性来访问原始字符串片段。`fragments.raw` 的值是一个字符串片段组成的数组，片段中的反斜杠没有被转义。

在前面带标签的模板字面量中，`fragments.raw` 是一个由两个字符串组成的数组。第一个字符串是\nu=，第二个字符串是\upsilon。

\${\nu\upsilon{

包括 3 个反斜杠。第二个字符串有两个字符：

}}

注意以下内容。
- \n 和\nu 没有变为换行符。
- \upsilon 中的\u 没有被解释为 Unicode 转义符。实际上，这在语法上是错误的，原因是 fragment[1]不能被解析，并且被设置为 undefined。
- ${factor}是一个嵌入表达式，它的值会传递给标签函数。

6.13 节中将更详细地解释 greek 函数使用的正则表达式替换。以反斜杠开头的标识符会被替换，例如\nu 替换为 v。

6.6　正则表达式

正则表达式用于声明字符串模板。当我们需要定位匹配特定模板的字符串时，就可以使用正则表达式。例如，如果要找出一个 HTML 文件中的所有超链接，那么我们需要查看<a href="...">格式的字符串，但是有的地方有额外的空白，或者有的 URL 使用单引号。正则表达式可以让我们精确地描述什么样的字符序列是合法的。

在正则表达式中，一个字符就表示它本身，保留字符除外：

. *+?{|()[\^$

例如，正则表达式 href 只会匹配字符串 href。

符号.可以匹配任意字符，例如.r.f 可以匹配 href 和 prof。

符号*表示它前面的结构可能重复 0 次或多次；而符号+表示重复 1 次或多次。?后缀表示前面的结构是可选的（0 次或 1 次）。例如，be+s?可以匹配 be、bee 和 bees。我们可以通过{ }明确重复的次数，如表 6-2 所示。

符号|表示或，比如：.(oo+|ee+)f 可以匹配 beef 或 woof。注意正则表达式中的括号，如果没有括号，.oo+|ee+f 表示.oo+或 ee+f。括号还会用于分组，详见 6.11 节。

字符集（character class）是一个可选字符集合，它被方括包裹括起来，例如[Jj]、[0-9]、[A-Za-z]或[^0-9]。在一个字符集中，-表示范围（所有 Unicode 值在上下边界中的字符）。然而，如果-出现在字符集的开头或结尾，它就表示其本身。^作为字符集的第一个字符表示取反——除已声明的字符以外的所有字符。例如，[^0-9]表示十进制数字以外的所有字符。

6 个已经预定义的字符集（predefined character class）分别是 \d（数字、\s（空格）、\w（单词字符），以及它们的补充字符集\D（非数字）、\S（非空格）和\W（非单词字符）。

字符^和$匹配输入的开头和结尾。例如^[0-9]+$匹配一个完全由数字组成的字符串。

注意^字符的位置。如果它是方括号内的第一个字符，则表示取反，例如[^0-9]+$匹配一个结尾为非数字的字符串。

> **备注**：以前我很难记住^匹配开头而$匹配结尾，一直以为$表示开头。在 US 键盘中，$在^的左边，但是在正则表达式中却完全相反。或许是由于古老的文本编辑器 QED 使用$表示最后一行。

表 6-2 总结了 JavaScript 正则表达式的语法。

如果需要匹配一个 . * + ? { | ( ) [\ ^ $字符，可以在它前面增加一个反斜杠来转义。在字符集中，在注意] - ^的位置的前提下，我们只需要转义[和\。例如，[]^-]是一个包含]、^和-三个字符的字符集。

6.6 正则表达式

表 6-2　正则表达式语法

表达式	描述	示例
字符		
除 . *+?{|()[\^$ 以外的字符	只匹配字符本身	J
.	匹配除\n 以外的任意字符，如果设置 dotAll 标志，则匹配任意字符	
\u{hhhh}, \u{hhhhh}	Unicode 码点，十六进制数为码点值	\u{1F310}
\uhhhh, \xhh	UTF-16 编码单位，十六进制数为值	\xA0
\f, \n, \r, \t, \v	换页符（\x0C）、换行符（\x0A）、回车符（\x09）、纵向制表符（\x0B）	\n
\cL，其中 L 为字符集[A-Za-z]中的任意值	控制符对应的字符 L	\cH 表示 Ctrl-H 或退格
\c，其中 c 为不在字符集[0-9BDPSWbcdfknprstv]中的任意字符	字符 c	\\
字符集		
[c_1c_2...]，其中 c_i 为字符、字符范围 c-d 或字符集	由 c_1、c_2 等表示的字符	[0-9+-]
[^...]	对字符集取反	[^\d\s]
\p{BooleanProperty} \p{Property=Value} \P{...}	一个 Unicode 属性（参考 6.9 节），以及它的取反（需要 unicode 标记）	\p{L}是 Unicode 字母
\d, \D	一个数字[0-9]，以及它的取反	\d+表示一个数字序列
\w, \W	一个单词字符[a-zA-Z0-9_]，以及它的取反	
\s, \S	一个空白字符[\t\n\v\f\r\xA0]或者 18 个附加 Unicode 空白字符，与\p{White_Space}效果一致	\s*,\s*表示一个周围可能有空格的逗号
序列和选择		
XY	任意 X 表示的字符串，后面紧跟任意 Y 表示的字符串	[1-9][0-9]*是一个非 0 开头的正数

续表

表达式	描述	示例
X|Y	任意 X 或 Y 表示的字符串	http|ftp
分组		
(X)	捕获匹配 X 的字符串,并将它放到一个分组中,参考 6.11 节	'([^']*)'捕获引号中的文字
\n	匹配第 n 个分组的内容	(['"]).*\1 匹配 'Fred'或"Fred",但不匹配"Fred'
(?<name>X)	捕获匹配 X 的字符串为一个分组,并将这个分组命名为 name	'(?<qty>[0-9]+)'将捕获到的分组命名为 qty
\k<name>	匹配分组名称为 name 的分组的内容	\k<qty>匹配分组名称为 qty 的内容
(?:X)	使用括号但不捕获 X	在(?:http|ftp)://(.*)中,://后匹配的是\1
其他	参考 6.14 节	
量词		
X?	0 个或 1 个 X	\+?匹配 0 个或 1 个+号
X*, X+	0 个或多个 X, 1 个或多个 X	[1-9][0-9]+表示一个大于等于 10 的整数
X{n}, X{n,}, X{m,n}	n 个 X, 至少 n 个 X, m~n 个 X	[0-9]{4,6}表示 4~6 位数
X*?或 X+?	懒惰量词,在尝试更长的匹配之前尝试最短的匹配	.*(<.+?>).*捕获最短的被尖括号包裹起来的字符串
边界匹配		
^ $	字符串开头和结尾处(如果设置了 multiline 标志,则表示一行的开头和结尾)	^JavaScript$匹配 JavaScript
\b, \B	单词边界,非单词边界	\bJava\B 匹配 JavaScript,但不匹配 Java code

6.7 正则表达式字面量

一个正则表达式字面量由两个斜杠包裹：

`const timeRegex = /^([1-9]|1[0-2]):[0-9]{2} [ap]m$/`

正则表达式字面量是 RegExp 类的实例。

当对一个正则表达式使用 typeof 操作符时，会返回 object。

在正则表达式字面量中，需要使用反斜杠来转义在正则表达式中带有特殊含义的字符，例如.和+：

`const fractionalNumberRegex = /[0-9]+\.[0-9]*/`

其中的.表示小数点。

在一个正则表达式中，还需要转义斜杠，这样才不会被认为是正则表达式的结尾。

如果要将一个字符串转换为正则表达式，需要使用 RegExp 函数，可以使用 new 操作符，也可以不使用：

`const fractionalNumberRegex = new RegExp('[0-9]+\\.[0-9]*')`

注意，字符串中的反斜杠必须要转义。

6.8 修饰符（标志）

标志参数（flag）[1]可以改变正则表达式的行为。例如使用 i 或 ignoreCase 标志，正则表达式/[A-Z]+\.com/i 可以匹配 Horstmann.COM。

我们也可以在构造函数中设置标志参数：

`const regex = new RegExp(/[A-Z]+\.com/, 'i')`

如果要访问一个 RegExp 对象的标志参数，我们可以访问 flags 属性，这个属性会以字符串的形式返回所有标志参数。同时，每个标志也有一个对应的布尔值属性：

---

[1] 译者注：也称为修饰符，指定额外的匹配策略。

```
regex.flags // 'i'
regex.ignoreCase // true
```

JavaScript 支持 6 种标志参数，如表 6-3 所示。

表 6-3　正则表达式标志

字母	属性名	描述
i	ignoreCase	忽略大小写
m	multiline	^和$匹配每行的开头和结尾
s	dotAll	.匹配包括换行在内的任意字符
u	unicode	匹配 Unicode 字符，而不是代码单元，参考 6.9 节
g	global	找出所有的匹配，参考 6.10 节
y	sticky	从 regex.lastIndex 向后进行匹配，参考 6.10 节

m 或 multiline 标志会改变^和$的行为。在默认情况下，^和$会匹配整个字符串的开头和结尾。在多行模式下，^和$会匹配一行的开头和末尾。例如：

```
/^[0-9]+/m
```

用于匹配一行开头的数字。

当使用 s 或 dotAll 标志参数时，.将匹配换行符；反之，.会匹配任意除换行符以外的字符。

其他 3 个标志会在后面的章节中介绍。

我们可以在一个正则表达式中使用多个标志。下面的正则表达式会匹配每行开头的大小写字母：

```
/^[A-Z]/im
```

6.9　正则表达式和Unicode编码

由于历史原因，正则表达式只能在 UTF-16 编码下使用，而不能匹配 Unicode 字符。例如，.会匹配一个 UTF-16 编码单元。下面的字符串：

```
'Hello 🌐'
```

不会被如下正则表达式匹配：

```
/Hello .$/
```

字符 由两个编码单元组成。比较直接的解决方案是使用 u 或 unicode 标志：

/Hello .$/u

使用 u 标志，. 可以匹配单个 Unicode 字符，无论它在 UTF-16 中如何编码。

如果需要保持源文件为 ASCII 编码，可以通过\u{ }语法在正则表达式中潜入 Unicode 码位的方式来表示 Unicode 字符：

/[A-Za-z]+ \u{1F310}/u

> **注意**：如果不使用 u 标志，那么/\u{1F310}/会匹配字符串'u{1F310}'。

在国际化的场景下，我们应该避免使用[A-Za-z]这样的模板来表示字母，因为此模板不能匹配其他语言的字母。作为替代，我们可以使用\p{Property}，其中 Property 是一个布尔 Unicode 属性的名称。例如，\p{L}表示一个 Unicode 字母。正则表达式：

/Hello, \p{L}+!/u

能够匹配如下内容：

'Hello, värld!'

和

'Hello, 世界!'

表 6-4 展示了常用的布尔属性名称。

对于非布尔的 Unicode 属性，可以使用\p{Property=Value}的语法。例如，正则表达式：

/p{Script=Han}+/u

可以匹配任意中文字符串。

使用大写的\P 返回\p 的互补集：\P{L}匹配任意非字母的字符。

表 6-4　常用的布尔 Unicode 属性

名称	描述
L	字母
Lu	大写字母
Ll	小写字母

名称	描述
Nd	十进制数字
P	标点符号
S	符号
White_Space	空格，和 \s 效果一致
Emoji	表情字符、修饰符或组件

6.10 RegExp 类方法

如果一个字符串包含能够匹配正则表达式的部分，则 test 方法会返回 true：

/[0-9]+/.test('agent 007') // true

如果要测试是否整个字符串匹配，那么正则表达式需要包括开始和结尾锚点：

/^[0-9]+$/.test('agent 007') // false

如果正则表达式匹配成功，那么 exec 方法会返回一个包含第一个匹配到的子表达式的数组；如果匹配失败，则返回 null。

例如：

/[0-9]+/.exec('agents 007 and 008')

返回一个包含字符串 '007' 的数组。（在后面的章节中可以看到，这个数组还会包括分组的匹配）。

另外，exec 返回的数组有如下两个属性。

- index 是子表达式的索引。
- input 是传递给 exec 的参数。

换句话说，上面的 exec 调用返回的数组实际上为：

['007', index: 7, input: 'agents 007 and 008']

如果需要匹配多个子表达式，可以使用 g 或 global 标志：

let digits = /[0-9]+/g

然后每次调用 exec 返回一个新的匹配：

```
result = digits.exec('agents 007 and 008') // ['007', index: 7, ...]
result = digits.exec('agents 007 and 008') // ['008', index: 15, ...]
result = digits.exec('agents 007 and 008') // null
```

为了实现这个机制，RegExp 对象中有一个 lastIndex 属性来表示每次调用 exec 成功匹配后的第一个索引。下一次调用时，exec 会从 lastIndex 向后进行匹配。当正则表达式匹配失败后，lastIndex 属性会被设置为 0。

我们也可以手动设置 lastIndex，跳过一部分字符串进行匹配。

使用 y 或 sticky 标志，匹配的字符串的索引必须从 lastIndex 开始：

```
digits = /[0-9]+/y
digits.lastIndex = 5
result = digits.exec('agents 007 and 008') // null
digits.lastIndex = 8
result = digits.exec('agents 007 and 008') // ['07', index: 8, ...]
```

> 备注：如果你只是想获取所有匹配的子字符串，可以使用 String 类的 match 方法，而不需要重复调用 exec，参考 6.12 节。
>
> ```
> let results = 'agents 007 and 008'.match(/[0-9]+/g) // ['007', '008']
> ```

6.11 分组

分组功能用来提取匹配结果的一部分。例如，下面的正则表达式利用分组来解析时间：

```
let time = /([1-9]|1[0-2]):([0-5][0-9])([ap]m)/
```

分组结果会被放到 exec 返回的数组中：

```
let result = time.exec('Lunch at 12:15pm')
// ['12:15pm', '12', '15', 'pm', index: 9, ...]
```

如前一节所述，result[0] 是整个匹配的字符串。当 i>0 时，result[i] 为匹配的第 i 个分组。

分组的顺序由分组开头括号的位置决定。正则表达式中有嵌套的括号，这一点很重要。比如下面的例子，分析有这种形式的发票的行项目：

```
Blackwell Toaster USD29.95
```

我们使用如下正则表达式来抽取各个部分：

```
/(\p{L}+(\s+\p{L}+)*)\s+([A-Z]{3})([0-9.]*)/u
```

在这种情况下，分组 1 为 (\p{L}+(\s+\p{L}+)*) 匹配到子字符串 'Blackwell Toaster'，从括号开头到括号结尾。

分组 2 为 (\s+\p{L}+).匹配到 'Toaster'。

分组 3 和 4 为 'USD' 和 29.95。

我们不关心分组 2，它使用括号只是为了能够重复其内部的表达式。为了看起来更清楚，我们可以在分组的开头括号后增加 ?: 来使用非捕获的分组：

```
/(\p{L}+(?:\s+\p{L}+)*)\s+([A-Z]{3})([0-9.]*)/u
```

现在 'USD' 和 '29.95' 被分组 2 和 3 捕获了。

 备注：当我们有一个需要重复的分组时，例如上面例子中的 (\s+\p{L}+)*，此时该分组只会保留最后一个匹配的结果，而不会保留全部匹配的结果。如果没有出现重复，那么这个分组会被设置为 undefined。

我们可以使用分组匹配到的内容再次进行匹配。例如，考虑下面的正则表达式：

```
/(['"]).*\1/
```

分组 (['"]) 匹配一个单引号或双引号。模板 \1 匹配分组 1 获取的字符串，因此 "Fred" 和 'Fred' 能匹配该正则表达式，而 "Fred' 不能。

注意：尽管在严格模式下被视为非法的，但一些 JavaScript 引擎仍然支持在正则表达式中进行八进制字符转义。例如，\11 表示 \t，码位为 9 的字符。

然而，如果正则表达式有 11 个或更多的分组，那么 \11 表示第 11 个分组匹配的内容。

使用数字来标记分组是不稳定的，更好的方案是为分组命名：

```
let lineItem = /(?<item>\p{L}+(\s+\p{L}+)*)\s+(?<currency>[A-Z]{3})(?<price>[0-9.]*)/u
```

当正则表达式有超过一个的具名分组时，exec 返回的数组会带有 groups 属性，groups 的值为一个由分组名称和分组匹配结果组成的对象。

```
let result = lineItem.exec('Blackwell Toaster USD29.95')
let groupMatches = result.groups
// { item: 'Blackwell Toaster', currency: 'USD', price: '29.95' }
```

表达式\k<name>表示使用分组名称为 name 的匹配结果再次进行匹配：

```
/(?<quote>['"]).*\k<quote>/
```

其中，分组名称为"quote"的分组匹配字符串开头的一个单引号或双引号。这个字符串必须以同样的字符结尾。例如，"Fred"和'Fred'都可以匹配该正则表达式，但"Fred'不能匹配。

RegExp 的功能总结在表 6-5 中。

表 6-5　RegExp 类的功能

名称	描述
构造器	
new RegExp(regex, flags)	通过给定的 regex（一个字符串、正则表达式字面量或 RegExp 对象）和标志构造一个正则表达式
属性	
flags	包含所有标志参数的字符串
ignoreCase, multiline, dotAll, unicode, global, sticky	所有标志类型的布尔属性
方法	
test(str)	如果 str 包含能够匹配正则表达式的子字符串，则返回 true
exec(str)	当前正则表达式从 str 中匹配到的结果。参考 6.10 节，使用 String 类的 match 和 matchAll 方法比 exec 更简单

6.12　正则表达式相关的字符串方法

如 6.10 节所述，获取匹配信息的主要方法是 RegExp 类的 exec 方法，但是它的 API 不够优雅。String 类有几个和正则表达式一起使用的方法，它们可以更容易地生成通用的结果。

对一个没有全局标志的正则表达式调用 str.match(regex)会返回与 regex.exec(str)相同的结果：

```
'agents 007 and 008'.match(/[0-9]+/) // ['007', index: 7, ...]
```

设置全局标志后，match 只返回一个包含所有匹配结果的数组，这通常就是我们需要的：

`'agents 007 and 008'.match(/[0-9]+/g) // ['007', '008']`

如果没有任何匹配，那么 String.match 方法返回 null。

备注：RegExp.exec 和 String.match 是 ECMAScript 标准中唯一通过返回 null 来表示无结果的方法。

如果我们有一个全局搜索，并且不想通过重复调用 exec 来获取全部匹配结果，那么可以使用 String 类的 matchAll 方法。这个方法目前正在 stage 3 提案阶段。它会返回一个包含所有匹配结果的可迭代对象。如果需要遍历正则表达式的所有匹配结果，可以使用：

`let time = /([1-9]|1[0-2]):([0-5][0-9])([ap]m)/g`

该循环会遍历全部匹配结果：

```
for (const [, hours, minutes, period] of input.matchAll(time)) {
  ...
}
```

使用解构赋值将分组匹配的结果赋值给 hours、minutes 和 period。开头的逗号表示忽略完整的匹配结果。

matchAll 方法会惰性地返回匹配结果。当有大量的匹配结果，但只有少部分被使用时，这种方式很高效。

search 方法返回第一个匹配结果的开头的索引，如果没有找到匹配的子字符串，则返回-1：

`let index = 'agents 007 and 008'.search(/[0-9]+/) // 生成索引 7`

replace 方法会使用给定的字符串替换第一个与正则表达式匹配的子字符串。如果要替换所有匹配的结果，可以设置全局标志：

`let replacement = 'agents 007 and 008'.replace(/[0-9]/g, '?') // 'agents ??? and ???'`

备注：split 方法也可以传入一个正则表达式作为参数，举例如下。

`str.split(/\s*,\s*/)`

使用逗号及周围可选的空格来切分 str。

6.13 关于正则替换的更多内容

在本节中,我们会进一步了解 String 类的 replace 方法。

替换的字符串可以包括以 $ 开头的模板,处理方法如表 6-6 所示。

表 6-6 替换字符串模式

模板	描述
$`, $'	匹配到的子字符串前或后的部分
$&	匹配的字符串
$n	第 n 个分组
$<name>	名称为 name 的分组
$$	美元符号

例如,下面的替换会将每个元音重复 3 次:

`'hello'.replace(/[aeiou]/g, '$&$&$&') // 'heeellooo'`

最有用的模板是分组模板。这里,我们使用分组来匹配每行的人的姓和名,并把它们进行交换:

```
let names = 'Harry Smith\nSally Lin'
let flipped = names.replace(
/^([A-Z][a-z]+) ([A-Z][a-z]+)/gm, "$2, $1")
// 'Smith, Harry\nLin, Sally'
```

如果在 $ 后的数字比正则表达式中分组的数量更大,那么模板会被一字不差地插入:

```
let replacement = 'Blackwell Toaster $29.95'.replace('\$29', '$19')
// 'Blackwell Toaster $19.95', 没有第 19 个分组
```

我们也可以使用具名分组:

`flipped = names.replace(/^(?<first>[A-Z][a-z]+) (?<last>[A-Z][a-z]+)$/gm, "$<last>, $<first>")`

对于复杂的替换,我们可以提供一个函数进行替换,这个函数会被传入以下参数。

- 匹配正则表达式的字符串。

- 所有匹配的分组。
- 匹配的位移。
- 整个字符串。

在下面的例子中，我们开始处理分组匹配：

```
flipped = names.replace(/^([A-Z][a-z]+) ([A-Z][a-z]+)/gm,
(match, first, last) => `${last}, ${first[0]}.`)
// 'Smith, H.\nLin, S.'
```

 备注：replace 方法也可以传入一个字符串，替换第一个匹配字符串本身的子字符串。

```
let replacement = 'Blackwell Toaster $29.95'.replace('$', 'USD')
// 使用 USD 替换 $
```

注意，$不会被解释为一个锚点。

 注意：如果调用 search 方法并传入一个字符串，那么它会被转换为一个正则字符串。

```
let index = 'Blackwell Toaster $29.95'.search('$')
// 返回 24，字符串的结尾索引，而不是$的索引
```

我们可以使用 indexOf 来搜索普通字符串。

6.14　奇异特性

在本章的最后一节，将介绍一些复杂且不常用的正则表达式功能。

+ 和 * 操作符是"贪婪的（greedy）"——它们会尽可能多地匹配字符串。这通常是合理的，我们会希望 /[0-9]+/ 尽可能多地匹配数字，而不是单个数字。

然而，考虑下面的例子：

```
'"Hi" and "Bye"'.match(/".*"/g)
```

结果为:

'"Hi" and "Bye"'

因为 .* 贪婪地匹配了所有字符,直到最后的 "。如果我们想匹配引号包裹的子字符串,那么这对我们没有帮助。

解决方案之一是重复时要求非引号字符:

'"Hi" and "Bye"'.match(/"[^"]*"/g)

或者,我们可以通过*?操作符来明确匹配模式为懒惰(reluctant)的:

'"Hi" and "Bye"'.match(/".*?"/g)

无论哪种方式,现在每个引号包裹的字符串都会被分别匹配,结果为:

['"Hi"', '"Bye"']

另外还有一个惰性操作符 +?,它要求至少重复一次。

先行断言操作符 p(?=q) 匹配到字符串 p,前提是 p 后面有 q,但匹配结果中不包括 q。例如,我们要找到在冒号前的小时数:

```
let hours = '10:30 - 12:00'.match(/[0-9]+(?=:)/g) // ['10', '12']
```

还有一个先行否定断言 p(?!)q,它会匹配到 p,前提是 p 后面没有跟着 q。

```
let minutes = '10:30 - 12:00'.match(/[0-9][0-9](?!:)/g) // ['30', '00']
```

另外,还有一个后行断言 (?<=p)q,它会匹配到 q,前提是 q 前面是 p。

```
minutes = '10:30 - 12:00'.match(/(?<=[0-9]+:)[0-9]+/g) // ['30', '00']
```

注意,**(?<=[0-9]+:)** 内的参数本身也是一个正则表达式。

最后,还有一个后行否定断言 (?<!p)q,它会匹配到 q,前提是 q 前面不是 p。

```
hours = '10:30 - 12:00'.match(/(?<![0-9:])[0-9]+/g)
```

或许就是这样的正则表达式促使 Jamie Zawinski 说出了那句至理名言——"我有一个问题,我认为我可以用正则表达式解决它,现在我有两个问题了。"

练习题

1. 编写一个函数，当给定一个字符串时，该函数会产生一个以 ' 字符分隔的转义字符串。将所有 non-ASCII Unicode 转换为 \u{...}。产生转义 \b、\f、\n、\r、\t、\v、\'、\\。

2. 编写一个使字符串适合指定数量的 Unicode 字符的函数。如果太长，请修剪它并附加...（\u{2026}），确保它能正确处理以两个 UTF-16 编码单元编码的字符。

3. substring 和 slice 方法对错误的参数容忍度很高。能否让它们产生任何参数错误？尝试字符串、对象、数组等任何参数。

4. 编写一个函数，接受字符串并返回一个包含所有子字符串的数组。请注意那些以两个 UTF-16 编码单元编码的字符。

5. 在一个更完美的世界中，所有字符串方法都采用计算 Unicode 字符而不是 UTF-16 编码单元来计算偏移量。哪些 String 方法会受到影响呢？ 请为它们提供替换功能，例如 indexOf(str, sub) 和 slice(str, start, end)。

6. 实现一个带有 printf 标签的模板函数，该函数使用放置在嵌入表达式后的经典的 printf 格式化指令来格式化整数、浮点数和字符串：

const formatted = printf`${item}%-40s | ${quantity}%6d | ${price}%10.2f`

7. 编写一个标签模板函数 spy，将原始字符串片段、处理过的（cooked）字符串片段以及嵌入表达式的值都展示出来。在原始字符串片段中，删除转义反引号、美元符号和反斜杠符号所需的反斜杠。

8. 尽可能多地列出不同方式，生成仅与空字符串匹配的正则表达式。

9. m/multiline 标志确实有用吗？可以只匹配 \n 吗？构造一个正则表达式，用于找到仅包含数字而没有多行标志的所有行。最后一行呢？

10. 为电子邮件地址和 URL 生成正则表达式。

11. 为美国和国际的电话号码生成正则表达式。

12. 使用正则表达式替换的方式清理电话号码和信用卡号。

13. 为带引号的文本生成一个正则表达式，其中的分隔符可以匹配单引号、双引号或（半角）引号""。

14. 为 HTML 文档中的图像 URL 生成正则表达式。

15. 使用正则表达式将字符串中的所有十进制整数（包括负数）提取到数组中。

16. 假设现在有一个正则表达式要用于完全匹配，而不仅仅是一个子字符串的匹配。我们只想用 `^` 和 `$` 把它包裹起来，但这并不容易。在添加这些锚点之前，需要正确地对正则表达式进行转义。编写一个函数，使其接受正则表达式并生成带有锚点的正则表达式。

17. 使用带有函数参数的 `String` 类的 `replace` 方法，将字符串中的所有℉度量值替换为等价的℃值。

18. 增强 6.5 节中的 `greek` 功能，以便它处理转义的反斜杠和 `$` 符号。另外，检查以反斜杠开头的符号是否具有替换符号。如果不是，请逐个添加。

19. 将前面练习中的 `greek` 函数扩展为通用替换函数，使其可以以 `subst(dictionary) \`templateString\`` 的方式被调用。

数组与集合

本章内容

- 7.1 创建数组 — 155
- 7.2 长度和索引属性 — 157
- 7.3 删除和新增元素 — 158
- 7.4 其他数组操作 — 160
- 7.5 生成元素 — 162
- 7.6 查找元素 — 163
- 7.7 访问所有的元素 — 164
- 7.8 稀疏数组 — 166
- 7.9 减少 — 168
- 7.10 map — 171
- 7.11 set — 173
- 7.12 weak map 和 set — 174
- 7.13 typed array — 175
- 7.14 数组缓冲区 — 178
- 练习题 — 179

第 7 章

每当我们学习一门新的编程语言时,都想知道如何存储数据。传统的数据结构会按顺序选择数据。本章将介绍 JavaScript API 提供的各种数组方法,以及 typed array 和数组缓冲区——高效处理二进制数据块的高级形式。与 Java 和 C++ 不同,JavaScript 没有提供丰富的数据结构集,但我们将在本章末尾讨论一些简单的 map 和 set 类。

7.1 创建数组

我们已经知道了如何使用给定顺序的元素创建一个数组,例如:

```
const names = ['Peter','Paul','Mary']
```

下面构造一个包含 10000 个元素的空数组,并且这些元素的初始值为 undefined:

```
const bigEmptyArray = [];
bigEmptyArray.length = 10000;
```

在一个数组字面量中,我们可以利用扩展运算法展开任意的可迭代对象。array、string、set、map、NodeList、HTMLCollection 等都是可迭代的对象,本章后续内容中会提到。例如,下面展示了如何组成一个包含两个可迭代对象 a 和 b 元素的数组:

```
const elements = [...a, ...b]; // a和b是可迭代对象
```

第 9 章将介绍可迭代对象具有的某种复杂的结构。Array.from 方法从更简单的类数组对象中收集元素。类数组对象具有名称为 length 的整数值属性和名称为 '0'、'1'、'2' 等属性。当然，数组是类数组对象，不过某些 DOM API 生成的类数组对象不是数组，也不是可迭代的对象，但我们可以调用 Array.from(arrayLike) 将其生成一个数组。

```
const arrayLike = {length: 3, '0': 'Peter', '1': 'Paul', '2': 'Mary'}

const elements = Array.from(arrayLike);
// 元素是数组 ['Peter', 'Paul', 'Mary']
// Array.isArray(arrayLike)是错误的，Array.isArray(elements) 是正确的
```

Array.from 方法的第二个参数为可选函数，参数是元素值和索引值（如果元素值不存在，那么元素值被置为 undefined），0～length -1 的所有索引值都会被调用。此外，函数的返回值会被收集到一个数组中作为整个 Array.from 调用的返回。

```
const squares = Array.from({length: 5},(element, index)=> index * index)

// squares 为 [0, 1, 4, 9, 16]
```

 注意：我们可以利用构造函数 Array 创建一个数组。

```
names = new Array('Peter', 'Paul', 'Mary')
names = Array('Peter', 'Paul', 'Mary')
```

这里我们可以使用 new，也可以不使用。
但它有一个陷阱。如果只给 new Array() 或 Array() 传入一个参数，并且是数值参数，那么这个参数将被作为数组的长度，而不是元素。

```
numbers = new Array(10000)
```

这个示例代码的结果是创建一个长度为 10000 且没有元素的数组。
在此建议避免使用数组构造函数 Array，而是使用数组字面量创建数组。

```
names = ['Peter', 'Paul', 'Mary']
numbers = [10000]
```

备注：使用工厂函数 Array.of 不会遇到上面单数值参数的问题。

```
names = Array.of('Peter', 'Paul', 'Mary')
littleArray = Array.of(10000) // littleArray 是一个长度为 1 的数组，和
[10000] 一样
```

不过与使用字面量相比，利用 Array.of 并没有优势。（练习题 2 展示了 of 方法的一个微妙且不常见的用例。）

7.2 长度和索引属性

每个数组都拥有一个 $0 \sim 2^{32} - 1$ 的长度（length）属性。索引属性为非负整数的数值，例如：

```
const names = ['Peter', 'Paul', 'Mary']
```

这个数组的 length 属性值为 3，并且拥有 '0'、'1'、'2' 三个索引属性。另外，所有的属性都是字符串。

length 属性的值总是比最大的索引属性值大 1。

```
const someNames = [,'Smith', , 'Jones']
// someNames 的长度是 4
```

当一个值被分配给一个索引属性时，它的长度是可以自动调整的：

```
someNames[5] = 'Miller';
// 现在 someNames 的长度是 6
```

我们也可以手动设置数组的长度：

```
someNames.length = 100;
```

如果减少长度，超出的元素将被删除：

```
someNames.length = 4;
// someNames[4]以及后面的元素都会被删除
```

这里并没有要求处于 0～length - 1 的每个值都有索引属性。ECMAScript 标准使用术语"缺少元素"来表示索引序列中的间隙。

可以使用操作符 in 查询是否缺少元素：

```
'2' in someNames // false, 没有属性 '2'
3 in someNames // true, 存在属性 '3'
// 请注意，左操作数将转换为字符串
```

 备注：数组可以具有非索引属性的属性，有时会用于将其他信息附加到数组上。例如，RegExp 类的 exec 方法产生一个匹配数组，带有附加的属性 index 和 input。

```
/([1-9]|1[0-2]):([0-5][0-9])([ap]m)/.exec('12:15pm')
// ['12:15pm', '12', '15', 'pm', index: 0, input: '12:15pm']
```

 注意：包含负数的字符串是有效属性 (如 '-1')，但不是索引属性。

```
const squares = [0, 1 , 4 ,9 ];
squares[-1] = 1 // [0, 1, 4, 9, '-1': 1]
```

7.3 删除和新增元素

调用如下方法：

```
let arr = [0, 1, 4, 9, 16, 25]
const deletedElement = arr.pop() // arr 现在等于 [0, 1, 4, 9, 16]
const newLength = arr.push(x) // arr 现在等于 [0, 1, 4, 9, 16, x]
```

当删除或添加数组末尾的元素时，会自动调整其长度。

 备注：可以用如下方式代替调用 pop 和 push 方法。

```
arr.length--
arr[arr.length] = x
```

我更喜欢 pop 和 push，因为它们能更好地表明意图。

7.3 删除和新增元素

使用 shift 和 unshfit 方法，可以删除和新增初始化元素：

```
arr = [0, 1, 4, 9, 16, 25]
const deletedElement = arr.shift() // arr 现在等于 [1, 4, 9, 16, 25]
const newLength = arr.unshift(x) // arr 现在等于 [x, 1, 4, 9, 16, 25]
```

push 和 unshift 方法可以增加任意数量的元素：

```
arr = [9]
arr.push(16, 25) // 添加 16, 25; arr 现在等于 [9, 16, 25]
arr.unshift(0, 1, 4) // 往数组前添加 0, 1, 4; arr 现在等于 [0, 1, 4, 9, 16, 25]
```

使用 splice 可以从中间删除元素：

```
const deletedElements = arr.splice(start, deleteCount, x1, x2, ...)
```

首先，从偏移位 start 开始，删除 deleteCount 个元素，然后在 start 位插入提供的元素。

```
arr = [0, 1, 12, 24, 36]
const start = 2
// 替换 arr[start] 和 arr[start + 1]
arr.splice(start, 2, 16, 25) // arr 现在等于 [0, 1, 16, 25, 36]
// 在索引位置 start 添加元素
arr.splice(start, 0, 4, 9) // arr 现在等于 [0, 1, 4, 9, 16, 25, 36]
// 删除索引位置 start 和 start + 1 的元素
arr.splice(start, 2) // arr 现在等于 [0, 1, 16, 25, 36]
// 删除索引位置 start 和后面的所有元素
arr.splice(start) // arr 现在等于 [0, 1]
```

如果 start 为负，则从数组末尾开始计数：

```
arr = [0, 1, 4, 16]
arr.splice(-1, 1, 9) // arr 现在等于 [0, 1, 4, 9]
```

splice 方法返回已移除元素的数组：

```
arr = [1, 4, 9, 16]
const spliced = arr.splice(1, 2) // spliced 等于 [4, 9], arr 等于 [1, 16]
```

7.4 其他数组操作

本节将介绍更多的数组类操作方法,而不仅限于删除和添加元素的操作。

`fill` 方法用新值覆盖现有元素:

`arr.fill(value, start, end)`

`copyWithin` 方法用同一数组中的其他元素覆盖现有元素:

`arr.copyWithIn(targetIndex, start, end)`

对于这两种方法,`start` 默认为 `0`,`end` 为 `arr.length`。

例如:

```
let arr = [0, 1, 4, 9, 16, 25]
arr.copyWithin(0, 1) // arr 现在等于 [1, 4, 9, 16, 25, 25]
arr.copyWithin(1)    // arr 现在等于 [1, 1, 4, 9, 16, 25]
arr.fill(7, 3, -1)   // arr 现在等于 [1, 1, 4, 7, 7, 25]
```

`arr.reverse()` 反向数组内容如下:

```
arr = [0, 1, 4, 9, 16, 25]
arr.reverse() // arr 现在等于 [25, 16, 9, 4, 1, 0]
```

调用 `arr.sort(comparisonFunction)` 进行排序。`comparisonFunction` 比较两个元素 `x`、`y`,并返回如下结果。

- 负数,如果 x 在 y 之前。
- 正数,如果 x 在 y 之后。
- 0,如果无法区分。

例如,以下是对数字数组进行排序:

```
arr = [0, 1, 16, 25, 4, 9]
arr.sort((x, y) => x - y) // arr 现在等于 [0, 1, 4, 9, 16, 25]
```

 注意:如果没有提供比较函数,则 `sort` 方法将元素转换为字符串并对其进行比较,参考练习题 5。对于数字,这可能是世界上最差的比较函数。

```
Arr = [0,1,4,9,16,25]
Arr.sort() // arr 现在是 [0,1,16,25,4,9]
```

表 7-1 总结了数组类最有用的方法。

表 7-1 数组类的有用函数和方法

属性	描述
工具函数	
from(arraylike, f)	从具有名为 'length'、'0'、'1' 等属性的任何对象生成数组。如果存在，则将函数 f 应用于每个元素
增变函数（影响自身）	
pop(), shift()	移除并返回最后一个元素
push(value), unshift(value)	将值附加或添加到此数组，并返回新的长度
fill(value, start, end)	用值覆盖给定的范围。对于此方法和以下方法，除非另有说明，否则均适用：如果 start 或 end 为负，则从数组末尾开始计数。范围包括开始，不包括结束。start 和 end 的默认值为 0 和数组长度。该方法返回该数组
copyWithin(targetIndex, start, end)	将给定范围复制到目标索引
reverse()	反转这个数组的元素
sort(comparisonFunction)	对数组进行排序
splice(start, deleteCount, values...)	在索引 start 时删除并返回 deleteCount 元素，然后在 start 位插入给定值
非增变函数（不影响自身）	
slice(start, end)	返回给定范围内的元素
includes(target, start), firstIndex(target, start), lastIndex(target, start)	如果数组在索引 start 或之后包含目标，则这些方法返回 true 或索引；否则返回 false 或 -1
flat(k)	返回此数组的元素，将维度不大于 k 的任何数组替换为其元素。k 的值默认为 1
map(f), flatMap(f), forEach(f)	对每个元素调用给定的函数，并返回结果数组、展平结果或 undefined
filter(f)	返回 "f 函数返回值为 true" 的元素
findIndex(f), find(f)	返回 "f 函数调用为 true" 的第一个元素的索引或值。函数 f 调用的参数是元素、索引和数组
every(f), some(f)	如果 f 函数的调用结果中至少有一个返回 true，则返回 true
join(separator)	返回一个字符串，所有元素变为字符串并由给定的分隔符分隔（默认为 ','）

使用人类语言对字符串进行排序，localeCompare 方法可能是一个不错的选择。

```
const titles = ...
titles.sort((s, t) => s.localeCompare(t))
```

第 8 章提供了有关基于区域设置的比较的更多信息。

备注：从 2019 年开始，排序方法可以保证是稳定的。也就是说，不可区分元素的顺序不会受到干扰。例如，假设我们有一个先前按日期排序的消息序列，如果现在按发件人对其进行排序，则具有相同发件人的邮件将继续按日期进行排序。

7.5 生成元素

本节介绍的方法都不会对数组本身造成影响。

slice 方法生成包含来自现有数组的元素的数组（数组复制行为）。slice 调用示例如下：

arr.slice(start, end)

产生一个包含给定范围内元素的数组。起始索引默认为 0，结束索引为 arr.length。

arr.slice() 等价于 [...arr]。

flat 方法用于平铺数组元素，默认平铺第一层：

[[1, 2], [3, 4]].flat()

生成数组：

[1, 2, 3, 4]

在不太可能的情况下，可能有一个超过二维的数组，我们可以指定想要展平多少个级别。从三维到一维的扁平化如下：

[[[1, 2], [3, 4]], [[5, 6], [7, 8]]].flat(2) // [1, 2, 3, 4, 5, 6, 7, 8]

concat 方法的调用示例如下：

arr.concat(arg1, arg2, ...)

生成一个以 arr 开头的数组，参数将附加到该数组上，其中有数据平铺操作：

```
const arr = [1, 2]
const arr2 = [5, 6]
```

```
const result = arr.concat(3, 4, arr2) // result is [1, 2, 3, 4, 5, 6]
```

由于我们现在可以在数组使用扩展运算符，所以 concat 方法就不是非常有用了。实现相同结果的更简单的方法是：

```
const result = [...arr, 3, 4, ...arr2]
```

concat 方法还有一个用途：将一系列未知类型的项目串联起来，然后将那些数组展平。

> 备注：我们可以使用 `isConcatSpreadable` symbol 控制是否平铺。（第 11 章将介绍 symbol。）
>
> 如果 symbol 为 `false`，则数组不会被平铺：
>
> ```
> arr = [17, 29]
> arr[Symbol.isConcatSpreadable] = false
> [].concat(arr) // 只有一个元素的数组: [17, 29]
> ```
>
> 如果 symbol 为 `true`，那么类数组对象会被平铺：
>
> ```
> [].concat({ length: 2, [Symbol.isConcatSpreadable]: true,
>   '0': 17, '1': 29 }) // 有两个元素的数组: 17, 29
> ```

7.6 查找元素

下面介绍调用检查数组中是否包含特定值。

```
const found = arr.includes(target, start) // true 或 false
const firstIndex = arr.indexOf(target, start) // 从头开始看，第一个出现的元素的索引 或 -1
const lastIndex = arr.lastIndexOf(target, start) // 从结尾看，第一个出现的元素的索引 或 -1
```

使用严格相等 `===` 和目标元素进行比较。

从 `start` 开始搜索。如果 `start` 小于 `0`，则从数组末尾开始计数；如果省略 `start`，则默认为 `0`。

如果要查找满足条件的值，可以用以下方式调用：

```
const firstIndex = arr.findIndex(conditionFunction)
```

```
const firstElement = arr.find(conditionFunction)
```

例如,寻找数组中的第一个负数:

```
const firstNegative = arr.find(x => x < 0)
```

在本节的此方法和后续方法中,condition 函数接收如下 3 个参数。
- 数组元素。
- 索引值。
- 整个数组。

every 和 some 方法调用示例如下:

```
arr.every(conditionFunction)
arr.some(conditionFunction)
```

如果 conditionFunction(element, index, arr) 对每个元素或至少一个元素调用返回为 true,则输出 true。

例如:

```
const atLeastOneNegative = arr.some(x => x < 0)
```

filter 方法返回满足条件的所有值:

```
const negatives = [-1, 7, 2, -9].filter(x => x < 0) // [-1, -9]
```

7.7 访问所有的元素

可以使用 for of 循环按顺序访问数组的所有元素,或者使用 for in 循环访问所有索引值:

```
for (const e of arr) {
  // 使用元素 e
}
for (const i in arr) {
  // 使用索引 i 和元素 arr[i]
}
```

> 备注:for of 循环查找 0~length-1 的所有索引值的元素,为缺失的元素返回 undefined。相比之下,for in 循环仅访问存在的键。换句话说,

7.7 访问所有的元素

> for in 循环将数组视为对象，而 for of 循环将数组视为可迭代数组。（第 12 章中将介绍迭代是没有间隙的值序列。）

如果要同时访问索引值和元素，请使用 entries 方法返回的迭代对象。它产生长度为 2 的数组，用于保存每个索引和元素。然后利用 for of 方法循环访问这个对象：

```
for (const [index, element] of arr.entries())
  console.log(index, element)
```

> 备注：entries 方法是为所有 JavaScript 数据结构（包括数组）定义的。针对集合数据生成可迭代的对象，其对象元素由 key 和 value 组成的数组构成。这些对于处理通用集合非常有用，当我们知道正在使用一个数组时，就不需要它们了。

arr.forEach(f)方法会为每个元素调用 f(element, index, arr)，跳过缺失的元素。

```
arr.forEach((element, index) => console.log(index, element))
```

等同于：

```
for (const index in arr) console.log(index, arr[index])
```

如果要转换元素并且收集结果，可以调用 arr.map(f) 方法：

```
[1, 7, 2, 9].map(x => x * x) // [1, 49, 4, 81]
[1, 7, 2, 9].map((x, i) => x * 10 ** i) // [1, 70, 200, 9000]
```

考虑一个返回值数组的函数：

```
function roots(x) {
  if (x < 0) {
    return [] // 没有根
  } else if (x === 0) {
    return [0] // 一个根
  } else {
    return [Math.sqrt(x), -Math.sqrt(x)] // 两个根
  }
}
```

当把这个函数作为 `arr.map` 的参数时，我们会得到一个基于该函数返回值的数组：

```
[-1, 0, 1, 4].map(roots) // [[], [0], [1, -1], [2, -2]]
```

如果要将结果平铺，我们可以调用 `map`，然后调用 `flat`，或者也可以调用 `flatMap`，这样效率稍微高一点：

```
[-1, 0, 1, 4].flatMap(roots) // [0, 1, -1, 2, -2]
```

最后，调用 `arr.join(separator)` 将所有元素转换为字符串，并将它们与给定的分隔符连接。默认分隔符为 `','`。

```
[1,2,3,[4,5]].join(' and ') // 1 and 2 and 3 and 4,5
```

> 备注：`forEach`、`map`、`filter`、`found`、`findIndex`、`some` 等方法（但不包括 `sort` 或 `reduce`），以及 `from` 函数，其函数参数之后还有一个可选参数。

```
arr.forEach(f, thisArg)
```

如果 `thisArg` 参数有值，则每次函数被调用时，`this` 都会指向 `thisArg` 参数。如果省略了 `thisArg` 参数，或其值为 `null` 或 `undefined`，那么 `this` 会指向全局对象。

```
thisArg.f(arr[index], index, arr)
```

当传递的是方法而不是函数时才需要 `thisArg` 参数。练习题 4 展示了如何避免这种情况。

7.8 稀疏数组

具有一个或多个缺失元素的数组称为稀疏数组。稀疏数组可以出现在 4 种情况中。

1. 数组文本中缺少元素：

```
const someNumbers = [ , 2, , 9] // 没有索引属性 0, 2
```

2. 添加超出长度的元素：

```
someNumbers[100] = 0 // 没有索引属性：4 到 99
```

3. 增加长度：

```
const bigEmptyArray = []
bigEmptyArray.length = 10000 // 没有索引属性
```

4. 删除元素：

```
delete someNumbers[1] // 没有索引属性 1
```

数组 API 中的大多数方法会跳过稀疏数组中缺少的元素。例如，[, 2,9].forEach(f) 仅调用 f 两次，没有调用索引 0 和 2 处的缺失元素。

正如 7.1 节所述，Array.from(arrayLike, f) 是一个例外，它会为每个索引调用 f。

我们可以使用 Array.from 将丢失的元素替换为未定义的元素：

```
Array.from([ , 2, , 9]) // [undefined, 2, undefined, 9]
```

join 方法将缺少和未定义的元素转换为空字符串：

```
[ , 2, undefined, 9].join(' and ') //  and 2 and  and 9
```

大多数方法会在适当位置保留丢失元素。例如，[, 2,9].map(x => x * x) 产生 [, 4, ,81]。

然而，sort 方法会将丢失的元素放在最后：

```
let someNumbers = [ , 2, , 9]
someNumbers.sort((x, y) => y - x) // someNumbers is now [9, 2, , , ]
```

（也许有的读者会注意到这里有 4 个逗号。最后一个逗号是尾随逗号，如果它不存在，那么前面的逗号将是尾随逗号，数组将只有一个未定义的元素。）

filter、flat、flatMap 方法将完全跳过缺失的元素。

从数组中消除缺失元素的一种简单方法是使用接受所有元素的函数进行过滤：

```
[ , 2, , 9].filter(x => true) // [2, 9]
```

7.9 减少

本节介绍计算数组元素值的一般机制。

这种机制很优雅,但坦率地说,它向来没有必要——我们可以用一个简单的环达到同样的效果。如果你觉得无趣,可以跳过这一部分。

map 方法将一元函数应用于集合的所有元素。本节中讨论的减少和减少方法将元素与二进制运算结合在一起。调用 arr.reduce(op)将 op 应用于连续的元素,如下所示:

```
              .
              .
              .
             op
            /  \
          op    arr[3]
         /  \
       op    arr[2]
      /  \
arr[0]    arr[1]
```

例如,计算数组元素的总和:

```
const arr = [1, 7, 2, 9]
const result = arr.reduce((x, y) => x + y) // ((1 + 7) + 2) + 9
```

下面是一个更有趣的简化,它从数字数组中计算十进制数的值:

```
[1, 7, 2, 9].reduce((x, y) => 10 * x + y) // 1729
```

该树形图显示了中间结果:

```
            1729
           /    \
         172     9
        /   \
       17    2
      /  \
     1    7
```

在大多数情况下，使用初始数组元素以外的初始值开始计算是有用的。调用 arr.reduce(op, init)：

```
           .
          .
         .
        op
       /  \
      op   arr[2]
     /  \
    op   arr[1]
   /  \
 init   arr[0]
```

与没有初始值的还原树形图相比，该图更加规则。所有数组元素都在树的右侧。每个操作都合并一个累积值（从初始值开始）和一个数组元素。

[1, 7, 2, 9].reduce((accum, current) => accum - current, 0)

结果如下：

0 - 1 - 7 - 2 - 9 = -19

如果没有初始值，那么结果将是 1-7-2-9。

当数组为空时，会返回初始值。例如，我们定义：

const sum = arr => arr.reduce((accum, current) => accum + current, 0)

那么空数组的总和是 0，并且减少没有初始值的空数组会引发异常。

回调函数实际上有如下 4 个参数。

- 累计价值。
- 当前数组元素。
- 当前元素的索引。
- 整个数组。

在本例中，我们收集满足条件的所有元素的位置：

```
function findAll(arr, condition) {
  return arr.reduce((accum, current, currentIndex) =>
    condition(current) ? [...accum, currentIndex] : accum, [])
}
```

```
const odds = findAll([1, 7, 2, 9], x => x % 2 !== 0)
  // [0, 1, 3], 所有奇数元素的位置
```

reduceRight 方法从数组的末尾开始，以相反的顺序访问元素。

```
              op
             /  \
           .    arr[0]
          .
         .
        /
       op
      /  \
    op   arr[n-2]
   /  \
 init  arr[n-1]
```

例如：

```
[1, 2, 3, 4].reduceRight((x, y) => [x, y], [])
```
is

```
[[[[[], 4], 3], 2], 1]
```

> 备注：JavaScript 中的 reduceRight 和类 Lisp 语言的 right fold 相似，但操作数的顺序是相反的。

reduct 可以用来代替循环。例如，假设我们要计算字符串中字母的频率，一种方法是访问每个字母并更新一个对象：

```
const freq = {}
for (const c of 'Mississippi') {
  if (c in freq) {
    freq[c]++
  } else {
    freq[c] = 1
  }
}
```

这里是另一种思考方式。在每一步中，结合频率图和新遇到的字母，产生

一个新的频率图：

```
                .
                 .
                  .
           op
          /  \
        op    's'
       /  \
      op   'i'
     /  \
empty map  'M'
```

什么是 op？左操作数是部分填充的频率图，右操作数是新字母。结果是增强图，它成为下一次调用 op 的输入参数，最后，结果是包含所有计数的映射。代码如下：

```
[...'Mississippi'].reduce(
  (freq, c) => ({ ...freq, [c]: (c in freq ? freq[c] + 1 : 1) }),
  {})
```

在缩减操作的函数中，将创建一个新对象，从 `freq` 对象的副本开始。然后，与 c 键关联的值被设置为前面值的增量（如果有），或者设置为 1。

请注意，在这种方法中，没有状态发生突变。在每个步骤中，都会计算一个新对象。

我们可以利用 reduce 代替任何循环。将循环中需要更新的所有变量放入一个对象中，并定义一个在循环中实现一个步骤的操作，最后生成一个带有最新变量的新对象。但这并不一直好用，然而有趣的是，通过这种方式可以消除循环。

7.10　map

JavaScript API 提供了一个实现集合数据结构的 `Map` 类：键/值对的集合。当然，每个 JavaScript 对象都是一个映射，但是使用 `Map` 类有如下优点。
- `Object` 键值必须是字符串或符号，但 `Map` 的键值可以是任何类型。
- `Map` 实例会记住元素插入的顺序。
- 与对象不同的是，映射没有原型链。

- 我们可以使用 `size` 属性找出对象包含的元素的数量。

构建一个映射时，需要使用 `[key, value]`的方法创建一个迭代对象。

```
const weekdays = new Map(
  [["Mon", 0], ["Tue", 1], ["Wed", 2], ["Thu", 3], ["Fri", 4], ["Sat", 5], ["Sun", 6], ])
```

或者我们可以构造一个空映射，并在以后添加元素：

```
const emptyMap = new Map()
```

这里必须使用 `new` 操作符。

API 非常简单。调用：

```
map.set(key, value)
```

添加一个元素并返回当前的映射示例：

```
map.set(key1, value1).set(key2, value2)
```

删除一个元素：

```
map.delete(key) // 如果 key 存在，则返回 true；否则返回 false
```

使用 `clear` 方法可以删除所有的元素。

`test` 方法可以查看某个键是否存在：

```
if (map.has(key)) ...
```

使用 `get` 获取键的值：

```
const value = map.get(key) // 如果 key 不存在，则返回 undefined
```

映射是一个生成`[key,value]`的可迭代的对象。因此，我们可以通过 `for of` 循环轻松访问所有条目：

```
for (const [key, value] of map) {
  console.log(key, value)
}
```

或者使用 `forEach` 方法：

```
map.forEach((key, value) => {
  console.log(key, value)
})
```

因为映射是按顺序插入的。在如下映射中，`for of` 和 `forEach` 方法都将遵守我们插入元素的顺序进行循环：

```
const weekdays = new Map([['Mon', 0], ['Tue', 1], ..., ['Sun', 6]])
```

备注：在 Java 中，我们可以使用 `LinkedHashMap` 按插入顺序访问元素；但是在 JavaScript 中是自动跟踪插入顺序的。

备注：与所有 JavaScript 集合一样，映射示例具有 `keys`、`values`、`entries`。所以，如果只想循环映射对象的键，那么可以这样写。

```
for (const key of map.keys()) ...
```

在 Java 和 C++ 等编程语言中，我们可以在 `hash map` 和 `tree map` 之间进行选择，并且必须提供 `hash` 或 `comparison` 函数。在 JavaScript 中，我们总是得到一个 `hash map`，并且对 `hash` 函数别无选择。

在 JavaScript 中，`Map` 的 `hash` 函数是利用 `key` 的全等（===）来处理的。

比较好的情况是键为字符串或数字，或者使用特定的身份作为键。例如，我们可以使用映射将值与 DOM 节点关联，这比直接将属性添加到节点对象中要好。

但是当使用其他对象作为键时，必须要小心。不同的对象是独立的键，即使它们的值相同：

```
const map = new Map()
const key1 = new Date('1970-01-01T00:00:00.000Z')
const key2 = new Date('1970-01-01T00:00:00.000Z')
map.set(key1, 'Hello')
map.set(key2, 'Epoch') // 现在映射有两个元素
```

如果这不是你想要的，请考虑选择不同的键，例如本例中的日期字符串。

7.11　set

Set 是收集不重复元素的数据结构。

创建如下的一个集合实例：

```
const emptySet = new Set()
const setWithElements = new Set(iterable)
```

iterable 会产生集合的元素。

和映射一样，size 属性会返回其元素的数量。

同时集合的 API 和映射类似：

```
set.add(x)     // 如果 x 不存在，则添加 x，并返回 set 对象用于链式调用
set.delete(x)  // 如果 x 存在，则删除 x 并返回 true，否则返回 false
set.has(x)     // 如果 x 存在，则返回 true
set.clear()    // 删除所有元素
```

我们可以使用 for of 循环访问集合数据的所有元素：

```
for (const value of set) {
  console.log(value)
}
```

也可以使用 forEach：

```
set.forEach(value => {
  console.log(value)
})
```

就像映射一样，集合会记住元素的插入顺序。例如：

```
const weekdays = new Set(['Mon', 'Tue', 'Wed', 'Thu', 'Fri', 'Sat', 'Sun'])
```

然后 for of 循环和 forEach 方法按此顺序迭代元素。

 备注：集合可以被认为是 [value, value]格式的映射类型。键和值方法都会产生值的迭代器。当我们使用一个已知集合时，这些方法都没有用。它们用于处理通用集合的代码。

和映射一样，集合被实现为具有预定义散列函数的散列表。如果集合元素是相同的原始类型值或相同的对象引用，则它们被视为相同。此外，NaN 值彼此相等。

7.12　weak map 和 set

在 JavaScript 中，映射和集合的一个重要用途是将属性附加到 DOM 节点

上。假设我们要对某些节点进行分类,以指示成功、正在进行或错误,那么可以将属性直接附加到节点上:

node.outcome = 'success'

这样做通常很好,但会有点脆弱。DOM 节点有很多属性,如果其他人或 DOM API 的未来版本使用相同的属性,就会产生问题。

使用映射能更好地解决问题:

const outcome = new Map()
...
outcome.set(node, 'success')

对 DOM 节点进行生成和销毁。如果不再需要特定节点,那么应对其进行垃圾回收。但是,如果节点引用位于 outcome 中,那么该引用会使 DOM 节点对象保持激活状态。

基于这个问题而产生了 weak map。如果 weak map 中的键是对对象的唯一引用,则垃圾收集器会回收该对象。

只需使用弱映射来收集属性:

const outcome = new WeakMap()

weak map 没有遍历方法,且实例对象不可迭代。只有 set、delete、hash 和 get 四种方法,但这足以设置属性并检查给定对象的属性。

如果要监视的属性是二进制的,则可以使用 WeakSet 替代 WeakMap。它只有 set、delete 和 has 三种方法。

weak map 的键和 weak set 的元素只能是对象,不能是原始类型值。

7.13　typed array

JavaScript 数组能存储任何类型的元素(可能缺少元素)。如果存储的只是数字或图像的原始字节,那么通用数组效率会很低。

如果需要有效地存储相同类型的数字,可以使用 typed array。可用的数组类型如下:

- Int8Array
- Uint8Array
- Uint8ClampedArray

- Int16Array
- Uint16Array
- Int32Array
- Uint32Array
- Float32Array
- Float64Array

所有元素都是给定类型的。例如，`Int16Array` 存储介于 –32768～32767 的 16 位整数。`Uint` 前缀表示无符号整数。`Uint16` 数组保存 0～65535 的整数。

构造数组时，需要指定长度，且指定长度后无法再修改。

```
const iarr = new Int32Array(1024)
```

在构建时，所有数组元素为零。

没有字面量方式的 typed array 表达方式，但是每个 typed array 类都有一个名为 of 的函数，用于构造具有给定值的实例。

```
const farr = Float32Array.of(1, 0.5, 0.25, 0.125, 0.0625, 0.03215, 0.015625)
```

与一般的数组一样，`from` 函数用于获取任何可迭代对象的元素，并带有可选的映射函数参数：

```
const uarr = Uint32Array.from(farr, x => 1 / x)
// 一个 Uint32Array，元素是 [1, 2, 4, 8, 16, 32, 64]
```

如果索引值不是介于 `0～length-1` 的整数，那将是无效操作。但是，与常规数组一样，我们可以设置其他属性：

```
farr[-1] = 2 // 无效
farr[0.5] = 1.414214 // 无效
farr.lucky = true // 设置 lucky 属性
```

当为整数数组元素分配数字时，会丢弃所有小数部分，然后将数字截断处理到合适的整数范围：

```
iarr[0] = 40000.25 // 将 iarr[0]设置成 -25536
```

这里仅使用整数部分，并且由于 `40000` 太大而无法适应 32 位整数的范围，因此取最后 32 位，恰好代表–25536。

此截断过程的一个例外是 `Uint8ClampedArray`，它将超出范围的值设置为 0 或 255，并将非整数值舍入为最接近的整数。

7.13 typed array

Uint8ClampedArray 类型用于 HTML canvas。canvas 上下文的 getImageData 方法产生一个对象，其数据属性为 Uint8ClampedArray，其中包含 canvas 上的 RGBA 色值：

```
const canvas = document.getElementById('canvas')
const ctx = canvas.getContext('2d')
ctx.drawImage(img, 0, 0)
let imgdata = ctx.getImageData(0, 0, canvas.width, canvas.height)
let rgba = imgdata.data // 一个 Uint8ClampedArray
```

本书的配套代码有一个示例程序，当我们单击它时，它会将画布内容变成负数，如图 7-1 所示。

```
canvas.addEventListener('click', event => {
  for (let i = 0; i < rgba.length; i++) {
    if (i % 4 != 3) rgba[i] = 255 - rgba[i]
  }
  ctx.putImageData(imgdata, 0, 0)
})
```

图 7-1　单击时，画布内容变成了负值

typed array 具有常规数组的所有方法，除了以下情况。
- Push、pop、shift、unshift：不能修改 typed array 的长度。
- flat、flatMap：typed array 不能保存数组。
- concat：使用 set 方法代替。

有两个方法是常规数组所没有的。set 方法可以在指定的偏移量中复制 Array 或 Typed Array 的值：

targetTypedArray.set(source, offset)

在默认情况下，偏移量为零，并且值必须完全符合目标。如果偏移量和源长度超过目标长度，则会引发范围错误。（这意味着我们不能使用此方法来移动 Typed Array 的元素。）

subarray 方法生成指定范围的子数组：

const sub = iarr.subarray(16, 32)

如果省略，则结束索引是数组的长度，并且起始索引为零。

这似乎和 slice 方法一样，但有一个重要的区别。数组和子数组共享相同的元素。修改其中一个，另一个也会改变：

sub[0] = 1024 // iarr[16] 也等于 1024

7.14 数组缓冲区

数据缓冲区（Array buffer）是一个连续的字节序列，可以保存文件、数据流、图像中的数据。来自类型数组的数据也存储在数组缓冲区中。

许多 web API（包括 File API、XMLHttpRequest 和 WebSocket）产生数组缓冲区。我们还可以使用给定的字节数构造数组缓冲区：

const buf = new ArrayBuffer(1024 * 2)

通常，数组缓冲区中的二进制数据具有复杂的结构，例如图像或声音文件。我们可以使用 DataView 查看内部数据：

const view = new DataView(buf)

使用 DataView 方法读取给定偏移量的值，例如 getInt8、getInt16、getInt32、getUInt8、getUInt16、getUInt32、getFloat32、getFloat64：

const littleEndian = true //大端字节序时，为 false 或者省略
const value = view.getUint32(offset, littleEndian)

使用 set 方法写入数据：

view.setUint32(offset, newValue, littleEndian)

> **备注**：有两种将二进制数据存储为字节序列的方法，称为大端字节序（big-endian）和小端字节序（little-endian）。
>
> 以 16 位值 0x2122 为例讲解它们的区别。在大端字节序中，更重要的字节首先出现 0x21，然后是 0x22；小端字节序则相反，顺序为 0x22 0x21。大多数现代处理器使用小端字节序，但许多常见的文件格式（如 PNG 和 JPEG）使用大端字节序。
>
> 用大端字节序和小端字节序这两个词汇形容这种存储方法看上去很合适，但这两个词实际上是借用了《格列佛游记》中的一段讽刺性文字。

typed array 的缓冲区始终使用主机平台的字节序。如果整个缓冲区数据是一个数组，并且我们知道字节序与主机平台的字节序匹配，那么可以根据缓冲区内容构造 typed array：

```
const arr = new Uint16Array(buf)
// 缓存内容生成 1024 Unit16 数组
```

练习题

1. 实现与 Array.from 函数完全相同的函数。注意缺失的元素。当元素数量大于等于 length 属性时，考虑键不是索引的情况。

2. Array.of 方法是为一个非常具体的用例而设计的：作为"收集器"传递给一个生成一系列值并将它们发送到某个目的地的函数——也许是输出它们、对它们求和，也许是在数组中收集它们。实现如下功能：

mapCollect(values, f, collector)

该函数应将 f 应用于所有值，然后将结果发送到具有可变参数的函数收集器，返回收集器的结果。

请说明在这种情况下使用 Array.of 的优势（例如(...elements) => new Array(...elements) ）。

3. 数组可以具有数值为负整数的属性，例如 '-1'。它们会影响长度吗？如何按顺序迭代它们？

4. 在搜索引擎中搜索 "JavaScript forEach thisArg"，查询解释 `forEach` 的 `thisArg` 参数的博客文章，然后在不使用 `thisArg` 参数的情况下重写示例。例如：`arr.forEach(function() { ... this.something() ... }, thisArg)`

如果不在 `thisArg` 中用箭头函数，那么用 `thisAry` 替换内部的 `this`：

`arr.forEach(method, thisArg)`

你能列举出需要 `thisArg` 的情况吗？

5. 如果没有在 `Array.sort` 方法中提供比较函数，则元素将被转换为字符串，并通过 UTF-16 进行比较。请说明为什么这是一个糟糕的情况？如果数组元素是整数或对象，那么排序结果将无效。那么在\u{FFFF}字符上会怎么样？

6. 假设表示消息的对象具有 dates 和 senders 属性。首先按日期进行排序，然后按 senders 进行排序。验证 `sort` 方法是否稳定：在第二次排序之后，具有相同 sender 的数据继续按 dates 排序。

7. 假设代表一个人的对象具有名字和姓氏的属性。提供一个比较函数，使用该函数比较姓氏，然后使用名字打破联系。

8. 实现一个比较函数，通过两个字符串的 Unicode 代码点，而不是它们的 UTF-16 代码单元进行排序。

9. 编写一个函数，该函数产生数组中目标值的所有位置。例如，`indexOf(arr, 0 )`返回所有 `arr[i]`为 0 的索引。请使用 `Map` 和 `filter` 来实现。

10. 编写一个函数，返回结果为 `true` 的所有索引。例如，`indexOf(arr, x => x > 0)` 返回所有 `arr[i]`为正数的索引。

11. 使用 `reduce` 计算数组的最大值和最小值的差。

12. 给定一个函数数组`[f1, f2, ..., fn]`，使用 `reductRight` 实现效果 `x => f1(f2 (... (fn(x)) ...)`。

13. 为集合实现 `map`、`filter`、`forEach`、`some`、`every` 方法。

14. 实现函数 `union(set1,set2)`、`intersection(set1, set2)`、`difference(set1, set2)`方法实现并集、交集和差集，但不能改变参数本身。

15. 实现一个函数,完成对象转 `Map` 类型,例如 `toMap({ Monday: 1, Tuesday: 2, ... })`。

16. 假设我们使用的 `Map` 的键是形式为`{x: ..., y: ...}`的点对象。当进行诸如 `map.get({ x: 0, y: 0 })`之类的查询时，会出现什么问题？我们能做些什么来克服这些问题？

17. 证明 weak set 的作用。使用 Node.js 调用 `process.memoryUsage` 以了解使用了多少堆。代码如下：

```
let fred = { name: 'Fred', image: new Int8Array(1024*1024) }
```

验证堆使用率增加了大约 1 兆字节。将 `fred` 设置为 `null`，通过调用 `global.gc()` 运行垃圾收集器，并检查是否已收集对象。现在重复，将对象插入 weak set。验证 weak set 是否允许收集对象。使用 set 重复上面的操作，并显示对象不会被收集。

18. 编写一个函数来查找主机平台的字节序。使用 `ArrayBuffer` 并将其作为数据视图和 typed array 查看。

国际化

本章内容

8.1 本地化概念 — 185
8.2 指定本地环境 — 186
8.3 格式化数字 — 188
8.4 本地化日期和时间 — 190
8.5 比较规则 — 193
8.6 其他支持本地化设置的字符串方法 — 195
8.7 复数规则和列表 — 196
8.8 其他本地化特性 — 197
　练习题 — 199

第 8 章

如何让世界各地的人都对我们的软件感兴趣，这是一个具有重要意义的问题。一些程序员认为应用程序的国际化只需要使用 Unicode，并且翻译用户界面上的消息即可。但实际上，国际化包含的内容还有很多。日期、时间、货币，甚至数字的格式，在世界各地都有所不同。在本章中，我们将学习如何利用 JavaScript 的国际化功能使程序能更友好地面向全世界的用户。

8.1 本地化概念

当我们打开一个适用于国际用户的应用程序时，最明显的区别就是语言，但还有很多细微的区别，例如，在不同的国家，数字的格式是不同的。

对德国用户来说，数字 123,456.78 应该被展示成 123.456,78，即小数点和小数点逗号分隔符的角色是颠倒的。而在其他地区，用户可能喜欢用不同的码字，比如相同的数字在泰国的表示法为 ๑๒๓,๔๕๖.๗๘。

不同国家的日期显示方式也不同。在美国，日期的显示顺序为月/日/年，德国使用不那么特殊的日/月/年的顺序，而中国使用更为合理的年/月/日的顺序。因此，美国的日期 3/22/61 在德国用户那里应展示成 22.03.1961。如果写月份名称，那么语言中的差异就会更加明显。英语 March 22, 1961 在德语中应该被写为 22.Marz 1961，而中文应写为 1961 年 3 月 22 日。

本地化可以指定用户的语言和位置，让这种格式化差异体现出来。以下各节将讲解如何指定语言环境以及如何控制 JavaScript 程序的本地化设置。

8.2 指定本地环境

本地环境设置包含 5 个部分。

1. 由 2 个或 3 个小写字母指定的语言,例如 en（英语）、de（德语）、zh（中文）。表 8-1 列出了常用的语言代码。

2.（可选）由首字母大写的 4 个字母指定的脚本,例如 Latn（拉丁文）、Cyrl（西里尔文）、Hans（简体中文字符）。脚本的存在是因为某些语言有多种形式,例如,塞尔维亚语包括拉丁语或西里尔语,中文包含繁体字和简体字。

3.（可选）由 2 个大写字母或 3 个数字指定的国家或地区,例如 US（美国）、CH（瑞士）。表 8-2 列出了常用的国家代码。

4.（可选）变体。如今很少使用变体。"Nynorsk"曾经是挪威语的变体,但现在用语言代码 nn 表示。以前日本天历和泰文数字的变体,现在表示为扩展名（请参考下文）。

5.（可选）扩展名。扩展名描述了日历（例如日本日历）、数字（泰文而不是西文数字）的本地首选项,等等。Unicode 标准指定了其中一些扩展名。这些扩展名以 u 和两个字母的代码开头,用于指定扩展名是否处理日历（ca）、数字（nu）等。例如,扩展名 u-nu-thai 表示使用泰国数字。其他扩展完全是任意的,并且以 x- 开头,例如 x-java。

表 8-1 常用的语言代码

语种	编码	语种	编码
中文	zh	日语	ja
丹麦文	da	韩语	ko
荷兰语	du	挪威语	no
英语	en	葡萄牙语	pt
法语	fr	西班牙语	es
芬兰语	fi	瑞士语	sv
意大利语	it	土耳其语	tr

表 8-2 常用的国家代码

国家	编码	国家	编码
澳大利亚	AT	日本	JP
比利时	BE	韩国	KR
加拿大	CA	荷兰	NL
丹麦	DK	葡萄牙	PT
芬兰	FI	西班牙	ES
德国	DE	瑞典	SE
大不列颠	GB	瑞士	CH
爱尔兰	IE	土耳其	TR
意大利	IT	美国	US

本地环境设置规则由互联网工程任务组制作记录在"当前最佳实践"备忘录 BCP 47 中。[1]

> **备注**：语言和国家/地区的代码似乎有些随机，因为其中一些是从本地语言衍生而来的。德语中的德语是 Deutsch，中文的拼音是 zhongwen，因此对应了 de 和 zh。瑞士是 CH，源自瑞士联邦的拉丁词 Confoederatio Helvetica。

本地环境由带连字符的本地化标签来描述，例如 `'en-US'`。

德国一般使用本地化标签 `'de-DE'`。瑞士有 4 种官方语言（德语、法语、意大利语和 Rhaeto-Romance）。面向在瑞士讲德语的人则使用 `'de-CH'`，该本地环境使用德语的规则，但货币使用瑞士法郎而不是欧元。

将本地化标签传递给区域设置敏感的函数，比如：

```
const newYearsEve = new Date(1999, 11, 31, 23, 59)
newYearsEve.toLocaleString('de') // 生成字符串'31.12.1999 23:59:00'
```

我们可以使用优先级递减的数组来代替单个本地化标签，例如 `['de-CH', 'de', 'en']`。使用这种方式，如果方法不支持首选的本地化标签，那么可以按照优先级选择后续的标签。

我们也可以在本地化标签后的对象中指定其他选项：

---

[1] 网址详见本书电子资源文档。

```
newYearsEve.toLocaleString('de', { timeZone: 'Asia/Tokyo' })
  // 日期将按照上面给定的时区展示，比如 '1.1.2000, 07:59:00'
```

如果没有指定区域和选项，则使用无选项的默认配置。对于带有其他选项的默认区域配置，我们可以提供一个空的区域化标签数组：

```
newYearsEve.toLocaleString([], { timeZone: 'Asia/Tokyo' })
```

 备注：`toLocaleString` 方法定义在 `Object` 类中，我们可以在任何类中重写它，请参考练习题 1。

8.3 格式化数字

在格式化数字时，需要调用 `Number` 方法的 `toLocaleString` 方法，并将区域标记作为参数：

```
let number = 123456.78
let result = number.toLocaleString('de') // '123,456.78'
```

我们也可以构造 `Intl.NumberFormat` 类的实例并调用其 `format` 方法：

```
let formatter = new Intl.NumberFormat('de')
result = formatter.format(number) // '123,456.78"
```

在某些特殊的情况下，我们需要进一步分析此类结果，可以用 `formatToParts` 方法，它会返回包含各个部分的数组。例如，`formatter.formatToParts（number）`将返回以下数组：

```
[ { type: 'integer', value: '123' },
  { type: 'group', value: ',' },
  { type: 'integer', value: '456' },
  { type: 'decimal', value: '.' },
  { type: 'fraction', value: '78' } ]
```

针对某些特定于语言环境的方法，我们需要知道这些方法支持哪些本地化标签扩展和选项。表 8-3 列举了 `Number` 类的 `toLocaleString` 方法和 `Intl.NumberFormat` 类的 `format` 方法的信息。

回想一下，本地化标签扩展名带有 u 前缀，同样 `format` 方法可以识别 u-nu

扩展名，例如：

```
number.toLocaleString('th-u-nu-thai')
new Intl.NumberFormat('th-u-nu-thai').format(number)
// 都返回 '๑๒๓,๔๕๖.๗๘'
```

其他选项是作为本地化标签的第二个参数提供的：

```
number.toLocaleString('de', { style: 'currency', currency: 'EUR' })
formatter = new Intl.NumberFormat('de', { style: 'currency', currency: 'EUR' })
formatter.format(number)
// 都返回 '123.456,78 €'
```

如上所示，我们可以构造一个格式化程序对象来执行这样重复且复杂的格式化。

练习题 2 会引导我们发现更多的其他选项。

> 备注：stage 3 提案增加了更多的格式化选项，例如度量单位（'299,792,458 m/s'）、科学计数法（'6.022E23'）和紧凑小数（'81亿'）。

> 注意：不幸的是，当前没有标准的方法可以用除 0～9 外的分组分隔符或数字来解析本地化数字。

表 8-3　Numbers 类的 toLocaleString 方法和 Intl.NumberFormatf 构造函数配置

名称	值
本地化标签扩展	
nu(numbering)	Latn、arab、thai……
选项	
style	decimal（默认值）、currency、percent
currency	ISO 4217 货币码，例如 USD、EUR。货币类型必选
currencyDisplay	symbol（€默认值）、code（EUR）、name（Euro）
useGrouping	默认值为 true，组的分隔符
minimumIntegerDigits, minimumFractionDigits, maximumFractionDigits, minimumSignificantDigits, maximumSignificantDigits	小数点分隔符之前和之后的数字的界限或总位数

8.4 本地化日期和时间

在格式化日期和时间时,存在许多与本地化有关的问题。
1. 月份和工作日的名称应以本地化语言显示。
2. 年、月和日的顺序应以本地化的方式显示。
3. 公历可能不适用于表达本地化日期。
4. 必须考虑时区问题。

以下几节将介绍如何本地化 Date 对象、日期范围和相对日期(例如"3 天之内")。

8.4.1 格式化 Date 对象

给定一个 Date 对象,我们可以设置其日期部分、时间部分或两者的格式:

```
const newYearsEve = new Date(1999, 11, 31, 23, 59)
newYearsEve.toLocaleDateString('de') // '31.12.1999'
newYearsEve.toLocaleTimeString('de') // '23:59:00'
newYearsEve.toLocaleString('de') // '31.12.1999, 23:59:00'
```

与数字格式一样,我们也可以为给定的语言环境构造一个格式化程序,并调用其 format 方法。

```
const germanDateTimeFormatter = new Intl.DateTimeFormat('de')
germanDateTimeFormatter.format(newYearsEve) // '31.12.1999'
```

通过其他选项来控制每个部分的格式:

```
newYearsEve.toLocaleDateString('en', {
  year: 'numeric',
  month: 'short',
  day: 'numeric',
}) // 'Dec 31, 1999'

new Intl.DateTimeFormat('de', {
  hour: 'numeric',
  minute: '2-digit'
}).format(newYearsEve) // '23:59'
```

但是，这种方法烦琐且不合逻辑。因为每个部分的格式，甚至包括哪些部分，都是特定于语言环境的。ECMAScript 规范规定了一种烦琐的算法，用于返回一个匹配给定格式的具有本地化含义的格式，并提供了 formatMatcher 选项，以便我们在规范的算法和可能更好的算法之间进行选择。规范制定者已经意识到这种方式的复杂性，并在 stage 3 提案中解决了这个问题。我们可以为日期和时间部分指定所需的样式（完整的、长、中或短），然后格式化对象会自动选择合适的本地化字段和格式。

```
newYearsEve.toLocaleDateString('en', { dateStyle: 'medium' })
  // 'Dec 31, 1999'
newYearsEve.toLocaleDateString('de', { dateStyle: 'medium' })
  // '31.12.1999'
```

表 8-4 展示了所有本地化标签扩展名和选项。

表 8-4　日期格式选项

名称	值
本地化标签扩展	
nu(numbering)	latn、arab、thai
ca(calendar)	gregory、hebrew、buddhist……
hc(hour cycle)	h11、h12、h23、h24
选项	
timeZone	UTC、Europe/Berlin……（默认为本地时间）
dateStyle,timeStyle(stage 3)	full、long、medium、short，如果使用这些，下面的配置需要置空
hour12	true、false（是否使用 12 小时时间，默认是使用）
hourCycle	h11、h12、h23、h24
month	2-digit(09)、numeric(9)、narow(S)、short(Sep)、long(September)
year,day,hour,minute,second	2-digit、numeric
weekday,era	long、short、narrow
timeZoneName	short(GMT+9)、long（日本标准时间）
formatMatcher	basic（将请求的格式与区域设置提供的格式匹配的标准算法）、best fit （默认情况下，JavaScript 运行时中一种可能更好的实现）

8.4.2 日期范围

Intl.DateTimeFormat 类的 formatRange 方法接收两个日期参数,然后返回简明扼要的本地化日期范围:

```
const christmas = new Date(1999, 11, 24)
const newYearsDay = new Date(2000, 0, 1)
const formatter = new Intl.DateTimeFormat('en', { dateStyle: 'long' })
formatter.formatRange(christmas, newYearsEve) // 'December 24 – 31, 1999'
formatter.formatRange(newYearsEve, newYearsDay) // 'December 31, 1999 – January 1, 2000'
```

8.4.3 相对时间

Intl.RelativeTimeFormat 类的 format 可以返回类似"昨天"或"3 小时内"的表达形式:

```
new Intl.RelativeTimeFormat('en', { numeric: 'auto'}).format(-1, 'day') // 'yesterday'
new Intl.RelativeTimeFormat('fr').format(3, 'hours') // 'dans 3 heures'
```

format 方法有两个参数,分别是数量和单位。单位是年、季、月、周、日、小时、分或秒。复数形式也可以接受,例如年。

我们可以指定以下选项。
- numeric:always(1 天前,默认)、auto(昨天)。
- style:long、short、narrow。

8.4.4 格式化各个部分

与数字的格式化对象一样,Intl.DateTimeFormat 和 Intl.RelativeTimeFormat 类的 formatToParts 方法也会返回描述格式化结果各部分的对象数组。不同的示例如下。

调用:

```
new Intl.RelativeTimeFormat('fr').formatToParts(3, 'hours')
```

返回数组为：

```
[
  { type: 'literal', value: 'dans ' },
  { type: 'integer', value: '3', unit: 'hour' },
  { type: 'literal', value: ' heures' }
]
```

调用：

```
Intl.DateTimeFormat('en',
  {
    dateStyle: 'long',
    timeStyle: 'short'
  }).formatToParts(newYearsEve)
```

返回一个包含 11 个条目的数组，描述字符串 `'December 31, 1999 at 11:59 PM'` 的部分，也就是返回：

```
{ type: 'month', value: 'December' },
{ type: 'literal', value: ' ' },
{ type: 'day', value: '31' },
// 等等
```

8.5 比较规则

在 JavaScript 中，我们可以使用<、<=、>和>=运算符对字符串进行比较。但是当字符串需要展现给用户时，这些运算符并不适用。即使是英语，用这些比较符号排序也会得到奇怪的结果。例如，以下 5 个字符串根据<运算符排序：

```
Athens
Zulu
able
zebra
Ångström
```

如果按字典排序，大写和小写应该是一样的，并且重音会被忽略。而对于说英语的人，以上字符串应按以下顺序排列：

able
Ångström
Athens
zebra
Zulu

但是，对瑞典用户而言，这个排列是很奇怪的。在瑞典语中，字母 Å 与字母 A 不同，并且在字母 Z 后面！也就是说，瑞典用户希望将单词排序为：

able
Athens
zebra
Zulu
Ångström

当需要对展示给用户的字符串进行排序时，我们应使用本地化的方式进行比较。

最简单的方法是使用 `String` 类的 `localeCompare` 方法，将语言环境作为第二个参数传递：

```
const words = ['Alpha', 'Ångström', 'Zulu', 'able', 'zebra']
words.sort((x, y) => x.localeCompare(y, 'en'))
  // 结果是 ['able', 'Alpha', 'Ångström', 'zebra', 'Zulu']
```

或者构造一个排序对象：

```
const swedishCollator = new Intl.Collator('sv')
```

然后将 `compare` 函数传递给 `Array.sort` 方法：

```
words.sort(swedishCollator.compare)
  // 结果是 ['able', 'Alpha', 'zebra', 'Zulu', 'Ångström']
```

表 8-5 展示了 `localeCompare` 方法和 `Intl.Collator` 构造函数支持的比较规则和选项。

一个实用的比较规则是对包含数字的字符串按数字排序，比如按升序排序：

```
const parts = ['part1', 'part10', 'part2', 'part9']
parts.sort((x, y) => x.localeCompare(y, 'en-u-kn-true'))
  // 结果是 ['part1', 'part2', 'part9', 'part10']
```

其他的比较规则大多用途有限。例如，在德语电话簿中（不是字典），Ö 被认为与 Oe 相同。以下调用不会修改给定的数组：

```
['Österreich', 'Offenbach'].sort((x, y) => x.localeCompare(y, 'de-u-co-phonebk'))
```

表 8-5 localeCompare 方法和 Intl.Collator 构造函数的字符串比较规则

名称	值
本地化标签扩展	
co(collation)	phonebook、phonetic、reformed、pingyin……
kn(numeric collation)	true（'1' < '2' < '10'）、false（默认值）
kf(case first)	upper、lower、false（默认值）
选项	
sensitivity	base（a = A = Å）、accent（a = A ≠ Å）、case（a ≠ A = Å）、variant（a, A, Å 都不一样，默认值）
ignorePunctuation	true、false（默认值）
numeric, caseFirst	true、false（默认值），见上述 kn、kf
usage	sort（用于排序，默认值）、search（用于搜索，注意等式的情况）

8.6 其他支持本地化设置的字符串方法

String 类中有几个本地化使用的方法：上一节中用过的 localeCompare 方法，以及 toLocaleUpperCase 和 toLocaleLowerCase 方法。例如，在德语中，"double s" 字符 ß 的大写字母是两个 S 的序列：

```
'Großhändler'.toLocaleUpperCase('de') // 'GROSSHÄNDLER'
```

localeCompare 方法接受参数中的选项，就像上一节的 Intl.Collator 构造函数一样。以如下表达式为例：

```
'part10'.localeCompare('part2', 'en', { numeric: true })
```

返回一个正数，因为通过数字比较，'part10' 在 'part2' 之后。

如果用 Unicode 展示，字符或字符串可能会有多种形式来描述。例如，Å（\u{00C5}）可以表示为普通 A（\u{0041}），后面跟一个组合环（\u{030A}）。

当存储字符串与其他程序通信时，我们可能需要将字符串转换为规范化形式。Unicode 标准定义了 4 种规范化形式（C、D、KC 和 KD）。[1]在规范化形式 C 中，重音字符会被合并。例如，字母 A 和组合环一起被合并成单个字符 Å。

---

[1] 网址详见本书电子资源文档。

在格式 D 中，重音字符被分解为其基本字母和重音部分：Å 变成 A 和一个组合环。在格式 KC 和 KD 中，诸如商标符号™（\u{2122}）之类的字符会被分解。W3C 建议，在网络传输数据时使用规范化形式 C 进行转换。

String 类的 normalize 方法支持上面的转换方式。下面我们尝试使用这 4 种模式。对于每种模式，我们调用 normalize 方法，然后分开展示结果，这样可以清楚地看到各个字符。

```
const str = 'Å™'
['NFC', 'NFD', 'NFKC', 'NFKD'].map(mode => [...str.normalize(mode)])
  // 返回 ['Å', '™'], ['A', '°', '™'], ['Å', 'T', 'M'], ['A', '°', 'T', 'M']
```

8.7 复数规则和列表

许多语言对较小的数量会有特殊表达形式。在英语中，我们数 0 美元（0 dollars）、1 美元（1 dollar）、2 美元（2 dollars）、3 美元（2 dollars），以此类推。可以看到，数量为 1 的表示形式是特殊的（英文表示没有 s）。

俄罗斯的卢布则更为复杂。"1"（one）和小于 5（a few）有特殊的表示形式：0рублей，1рубль，2、3 或 4 为рубля；如果大于等于 5，则为рублей。

当我们需要生成"找到 n 个匹配项"之类的消息时，需要了解这些特殊情况。

Intl.PluralRules 类可以用来解决这类问题。它的 select 方法会返回一个密钥，该密钥用于描述给定数量的特殊单词表现形式。以下是英文和俄文的结果：

```
[0, 1, 2, 3, 4, 5].map(i => (new Intl.PluralRules('en').select(i)))
  // ['other', 'one', 'other', 'other', 'other', 'other']
[0, 1, 2, 3, 4, 5].map(i => (new Intl.PluralRules('ru').select(i)))
  // ['many', 'one', 'few', 'few', 'few', 'many']
```

PluralRules 类仅产生英语表单名称，仍需映射到本地化的单词。首先提供每种语言的映射：

```
dollars = { one: 'dollar', other: 'dollars' }
rubles = { one: 'рубль', few: 'рубля', many: 'рублей' }
```

然后调用：

```
dollars[new Intl.PluralRules('en').select(i)]
```

```
rubles[new Intl.PluralRules('ru').select(i)]
```

select 方法有一个参数选项 type：cardinal（default）、ordinal。
我们试一下英文的 ordinal 怎么用：

```
const rules = new Intl.PluralRules('en', { type: 'ordinal' })
[0, 1, 2, 3, 4, 5].map(i => rules.select(i))
 // ['other', 'one', 'two', 'few', 'other', 'other']
```

到底是怎么回事呢？事实证明，英语并不比俄语简单：英语序数为 0th、1st、2nd、3rd、4th、5th，以此类推。

Intl.ListFormat 类可以用来格式化值列表。下面的例子可以帮助我们理解：

```
let list = ['Goethe', 'Schiller', 'Lessing']
new Intl.ListFormat('en', { type: 'conjunction' }).format(list)
 // 返回字符串 'Goethe, Schiller, and Lessing'
```

可以看到，format 方法的返回中自动增加了连词"and"和逗号"，"。
当 type 指定为 disjunction 时，列表的单词会通过 or 的形式进行拼接。下面用德语尝试一下：

```
new Intl.ListFormat('de', { type: 'disjunction' }).format(list)
 // 'Goethe, Schiller oder Lessing'
```

format 方法有如下选项。
- type: conjunction（默认值）、disjunction、unit。
- style: long（默认值）、short、narrow（仅使用 unit 类型）。

type 的 unit 值是单位列表，例如"7 磅 11 盎司"。不幸的是，设置 style 为 'long' 和 'short' 后，在进行格式化时会产生英文逗号：

```
list = ['7 pounds', '11 ounces']
new Intl.ListFormat('en', { type: 'unit', style: 'long' }).format(list)
 // '7 pounds, 11 ounces'
```

芝加哥和美联社风格的指南不推荐使用这种方式。

8.8 其他本地化特性

在现代浏览器中，navigator.languages 属性可以获得以降序排列的用户偏好本地化标签数组。`navigator.language` 是最常用的本地化标签，与 `navigator.languages[0]` 相同。除非用户进行个性化设置，否则浏览器会使用主机操作系统的本地化配置。

我们可以在上一节中提到的支持本地化设置的方法和构造函数中将 `navigator.languages` 用作本地化参数。

`Intl.getCanonicalLocales` 接受本地化标签或本地化标签数组，并返回一个已删除重复项后的数组。

前面各节中描述的所有格式化类都有一个 `supportedLocalesOf` 方法，接受本地化标签或本地化标签数组作为参数。不支持的标签将被删除，支持的标签将被标准化。例如，假设浏览器的 `Intl.NumberFormat` 类不支持威尔士语，则以下调用会返回`['en-UK']`：

`Intl.NumberFormat.supportedLocalesOf(['cy', 'en-uk'])`

当我们将本地化设置选项传递给支持本地化设置的方法时，将由浏览器决定与首选项匹配的最佳可用本地化配置。所有支持本地化的函数都支持 `localeMatcher` 选项，用于设置匹配算法。该选项具有如下两个值。

- `lookup` 使用 ECMA-402 中指定的标准算法。
- `best fit`（默认值）允许 JavaScript 运行时找到更好的匹配项。常见的 JavaScript 运行时使用标准算法，因此不必担心此选项。

> **备注**：要让用户选择本地化设置，那么需要以用户能理解的语言展示选择项。为此，stage 3 提案定义了一个 `Intl.DisplayNames` 类。以下是一些用法示例。
>
> ```
> const regionNames = new Intl.DisplayNames(['fr'], { type: 'region' })
> const languageNames = new Intl.DisplayNames(['fr'], { type: 'language' })
> const currencyNames = new Intl.DisplayNames(['zh-Hans'], { type: 'currency' })
> regionNames.of('US') // 'États-Unis'
> languageNames.of('fr') // 'Français'
> currencyNames.of('USD') // '美元'
> ```

若要获取有关国际化对象的属性的更多信息，请调用 `resolveOptions` 方法。例如，给定以下对象：

`const collator = new Intl.Collator('en-US-u-kn-true', { sensitivity: 'base' })`

调用：

```
collator.resolvedOptions()
```

返回对象：

```
{
  locale: 'en-US',
  usage: 'sort',
  sensitivity: 'base',
  ignorePunctuation: false,
  numeric: true,
  caseFirst: 'false',
  collation: 'default'
}
```

> **备注**：stage 3 提案建议用 `Intl.Locale` 类，它提供了一种便捷的方式来展示本地化选项。
>
> ```
> const germanCurrency = new Intl.Locale('de-DE',
>   { style: 'currency', currency: 'EUR' })
> ```

练习题

1. 实现一个包含 `firstName`、`lastName`、`sex` 和 `maritalStatus` 属性字段的 `Person` 类，并提供一个格式化姓名的 `toLocaleString` 方法，例如可返回 `'Ms.Smith'`、`'Frau Smith'`、`'Mme Smith'` 等格式，然后查找一些语言的敬语形式，例如 Ms/Mrs/Miss，并提供这样的参数选项。

2. 编写一段将值格式化为数字、百分比和美元金额的程序。提供所有货币显示选项，打开和关闭分组，并在数字位数上显示各个范围的含义。

3. 说明英文、阿拉伯文和泰文的数字展示形式有何不同。你还能产生其他数字吗？

4. 编写一段程序，演示法国、中国、埃及和泰国（带泰语数字）的日期和时间格式样式。

5. 用所有两个字母（ISO 639-1）的语言代码组成一个数组，使用它们格式化日期和时间。你能找到几种不同的格式？

6. 编写一段程序，列出以规范化形式 KC 或 KD 扩展为两个或更多 ASCII 字符的所有 Unicode 字符。

7. 提供一个示例，演示不同选项下面的排序规则。

8. 当生成'i'的大写字母或'I'的小写字母时，使用土耳其语本地化会发生什么？假设你编写了一段程序来检查特定的 HTTP 标头 If-Modified-Since。HTTP 标头不区分大小写。如何找到标头，以便程序在世界任何地方（包括土耳其）都能正常运行？

9. Java 库中有一个有用的概念"消息包"，你可以在其中找到本地化的消息，同时它具有兜底逻辑，为 JavaScript 提供类似的机制。每个本地化标签都有一个包含已翻译消息的键值映射。

```
{ de: { greeting: 'Hallo', farewell: 'Auf Wiedersehen' },
  'de-CH' : { greeting: 'Grüezi' },
  fr: { greeting: 'Bonjour', farewell: 'Au revoir' },
  ...
}
```

当查找消息时，先找到本地化标签，然后返回通用的本地化消息，同时支持用更具体的本地化进行覆盖。例如，当在本地化标签 `de-CH` 中查询键名为 `greeting` 的消息时，找到 `Grüezi`，但是当查询 `farewell` 时，则返回到 `de` 查询。

10. Java 库具有一个有用的类，用于格式化与本地化相关的消息。比如模板"{0}有{1}条消息"，法语版本为"Il y a {1} messages pour {0}"。当格式化消息时，我们只需要提供一个固定顺序，而不用担心目标语言的顺序。实现一个函数 `messageFormat`，该函数接受模板字符串和变量。设计一种包含文字括号的机制。

11. 提供一个用于根据本地化设置显示纸张大小的类，需要本地化的尺寸单位和默认纸张大小。除美国和加拿大外，世界上的每个人都使用 ISO 216 纸张尺寸。世界上只有 3 个国家尚未正式采用公制：利比里亚、缅甸和美国。

异步编程

本章内容

9.1　JavaScript 中的并发任务 — 203
9.2　实现 promise — 206
9.3　立即完结的 promise — 209
9.4　获取 promise 的结果 — 210
9.5　promise 的链式调用 — 210
9.6　promise 的失败处理 — 213
9.7　执行多个 promise — 214
9.8　多个 promise 的竞速 — 215
9.9　async 函数 — 216
9.10　async 返回值 — 218
9.11　并行 await — 221
9.12　async 方法中的异常 — 222
练习题 — 223

第 9 章

本章将介绍如何协调那些必须在未来某个时间点执行的任务。首先,我们需要从深入理解 promise 的概念入手。promise,中文含义为承诺,正如它的字面意思:一个除非因错误异常而终止,否则一定会在未来某个时间点产生结果的承诺。我们知道,promise 可以串行执行或并行执行。

promise 的缺点之一是需要调用方法来合并多个 promise。async/await 结构则为我们提供了更为舒适的语法。我们只需按照常规的控制流编写代码,然后编译器会把代码翻译为一个 promise 链。

理想情况下,我们可以跳过 promise 直接使用 async/await 语法。然而,在不了解 async/await 的内部原理的情况下,理解该语法的复杂性与局限性是一个不小的挑战。

本章末尾,我们会讨论异步生成器和迭代器。在网络应用中,异步处理几乎无处不在。因此对于 JavaScript 中级程序员来说,除本章最后一节外,其他章节应该为必读内容。

9.1 JavaScript中的并发任务

当一段程序需要同时管理多项活动时,这段程序就是并发的。在 Java 或 C++语言中,并发程序会调用多个线程执行任务。如果处理器有不止一个内核,那么这些线程是真正并行执行的。但这样也会产生问题——程序员必须小心保护数据，避免同一个值被不同的线程同时修改而导致数据损坏。

与 Java 和 C++ 相反的是，JavaScript 的程序是单线程的。特别是一旦一个方法开始运行，那么在该方法运行结束前，程序的其他部分都不会开始运行。这样很好，因为在该方法运行时，没有其他代码会污染该方法使用到的数据。直到该方法返回时，没有其他代码会试图读取任何数据。在函数中，只要在函数返回前清理干净，我们就可以尽情地修改程序的变量，永远无须担心互斥和死锁问题。

使用单线程的问题也很明显：如果一段程序需要等待某些事情发生——最常见的就是等待数据从网络返回。那么在此期间，无法做任何其他的事情。因此在 JavaScript 中，耗时的操作通常是异步的。我们要先确认好自己需要什么，然后提供一个可以在数据返回或者错误发生时被调用的回调函数。当前的函数会继续执行，以保证能够完成其他工作。

下面来看一个简单的例子——加载一张图片。以下方法会通过指定的 URL 下载一张图片并把它插入指定的 DOM 元素中：

```
const addImage = (url, element) => {
  const request = new XMLHttpRequest()
    request.open('GET', url)
    request.responseType = 'blob'
    request.addEventListener('load', () => {
      if (request.status == 200) {
      const blob = new Blob([request.response], { type: 'image/png' })
      const img = document.createElement('img')
      img.src = URL.createObjectURL(blob)
      element.appendChild(img)
      } else {
      console.log(`${request.status}: ${request.statusText}`)
      }
    })
  request.addEventListener('error', event => console.log('Network error'));
  request.send()
}
```

关于 XMLHttpRequest API 的细节暂且不重要，但有一个事实很重要——图片数据会在回调函数（load 事件的监听器）中被处理。

如果调用 addImage 方法，那么调用会立即返回。图片数据下载下来后，图片才会被添加到 DOM 元素中。

再看看这个例子，我们会加载 4 张图片（图片来自日本花牌[1]）。

```
const imgdiv = document.getElementById('images')
addImage('hanafuda/1-1.png', imgdiv)
addImage('hanafuda/1-2.png', imgdiv)
addImage('hanafuda/1-3.png', imgdiv)
addImage('hanafuda/1-4.png', imgdiv)
```

所有 `addImage` 函数的调用都会立即返回。一旦图片的数据返回，回调函数就会被调用，接着图片会被添加到 DOM 元素中。注意，无须担心由并发回调造成的数据污染，4 个回调函数之间不会相互影响。在 JavaScript 的单线程下，它们会一个接一个地运行。然而 4 张图片数据返回的顺序是不可预测的，如果多次刷新网页，图片的顺序可能会改变，如图 9-1 所示。

> **备注**：本章所有的程序示例都需要在浏览器环境下运行。示例代码包含网页，读者可以在浏览器中加载这些网页，还可以将一些代码片段复制并粘贴到开发者工具控制台运行。
>
> 为了能在本地运行这些文件，我们需要开启一个本地的 web 服务器。可以用以下命令安装 light-server：
>
> `npm install -g light-server`
>
> 切换到含有示例代码文件的目录下，运行以下命令：
>
> `light-server -s .`
>
> 然后把浏览器的 URL 地址指向类似 http://localhost:4000/images.html 的地址上。

图 9-1　图片可能会乱序加载

---

[1] 网址详见本书电子资源文档。

在加载图片时，处理图片数据乱序返回的问题是相当容易的，参考练习题 1。但还需要考虑一个更为复杂的场景，假设我们需要读取远程数据，然后依据返回的数据读取更多的数据。比如，一张网页里可能含有我们想要加载的图片地址。

在这种情况下，我们需要异步读取网页，在回调函数中检测网页中的内容，获取图片的地址。之后，图片一定也是异步获取的。在另一个回调函数中，该图片会被添加到我们期望的位置。每次获取数据都需要做错误处理，这就导致需要更多的回调函数。在经过几层处理后，这种编程风格会使代码陷入"回调地狱"——多个回调函数深层嵌套在一起，让人难以理解每次返回所对应的成功和失败的路径。

接下来的章节会介绍 promise 如何组合多个异步任务并避免回调函数的嵌套。

一个 promise 就是一个对象，它承诺最终会给我们一个结果。我们也许不能立刻获得该结果，如果产生错误，可能永远都无法获得这个结果。

听起来并不十分乐观。但是你很快就会发现，比起用回调函数来处理返回的完成或错误状态，promise 的链式处理要简单得多。

9.2 实现 promise

本节以及下一节会介绍如何实现一个 promise。听起来有点偏技术，但在实际应用中并不需要自己操作，调用现有的库函数返回一个 promise 即可。不需要亲自实现 promise 的读者，可以先跳过这部分。

> **备注**：Fetch API 是所有现代浏览器都支持的基于 promise 的 API。此调用将返回一个 promise，只有当 http 请求返回时，该 promise 才会返回结果。
>
> fetch('https://horstmann.com/javascript-impatient/ hanafuda/index.html')

Promise 构造函数只有一个入参，即"处理器函数"。该函数有两个参数：处理成功和失败的结果。

```
const myPromise = new Promise((resolve, reject) => {
    // 处理器函数的函数体
})
```

9.2 实现 promise

在以上代码的函数体中,我们可以对理想的结果进行一系列处理。一旦成功返回,则将结果作为参数传入 resolve 函数;如果没成功返回,则调用 reject 函数,并将失败原因作为入参。当这些异步任务执行完成时,resolve 或 reject 函数会在回调中被执行。

大概流程如下:

```
const myPromise = new Promise((resolve, reject) => {
    const callback = (args) => {
        ...
        if (success) resolve(result) else reject(reason)
    }
    invokeTask(callback)
})
```

举一个最简单的例子:延迟一定时间后交付结果。

下面的代码可以通过构建一个 promise 来实现上述要求:

```
const produceAfterDelay = (result, delay) => {
    return new Promise((resolve, reject) => {
        const callback = () => resolve(result)
        setTimeout(callback, delay)
    })
}
```

在传递给构造函数的执行函数中,我们调用 setTimeout 函数,并传入回调和给定的延迟时间。延迟结束后将执行该回调函数,在回调中,执行结果被传递给 resolve 函数。我们不需要担心执行中的错误,所以未使用 reject 函数。

下面介绍一个更复杂的函数,它产生一个返回结果是图像的 promise:

```
const loadImage = url => {
    return new Promise((resolve, reject) => {
        const request = new XMLHttpRequest()
        const callback = () => {
            if (request.status == 200) {
                const blob = new Blob([request.response], { type: 'image/png' })
                const img = document.createElement('img')
                img.src = URL.createObjectURL(blob)
                resolve(img)
            } else {
```

```
                reject(Error(`${request.status}: ${request.statusText}`))
            }
        }
        request.open('GET', url)
        request.responseType = 'blob'
        request.addEventListener('load', callback)
        request.addEventListener('error', event => reject(Error('Network error')));
        request.send()
    })
}
```

该执行函数配置并发送一个 XMLHttpRequest 对象。收到响应后，回调函数生成图像并将其传递给 resolve。如果发生错误，则将其传递给 reject 函数。

对 promise 的控制流拆解如下。

1. 调用 Promise 构造函数。
2. 调用执行函数。
3. 执行函数启动包含多个异步任务的回调函数。
4. 执行函数返回。
5. 构造函数返回，当前 promise 处于挂起状态。
6. 调用构造函数的代码运行完毕。
7. 异步任务结束。
8. 回调任务执行。
9. 回调执行 resolve 或 reject，promise 变为已履行（fulfilled）或被拒绝（rejected）状态。也就是说，该 promise 已完结（settled）。

> **备注**：控制流的最后一步可能会有一些变化。我们可以通过调用 resolve 返回另一个 promise。当前的 promise 已经被解决（resolved），但未被履行（fulfilled），依然处于挂起（pending）状态，直到后续 promise 被完结（settled）。因此，处理程序函数称为 resolve 而不是 fulfill。

务必保证在任务回调中执行 resolve 或 reject，否则 promise 会一直处于挂起状态。

这意味着我们必须谨慎地处理任务回调中的各种异常。如果一个任务回调因异常终止而非调用 resolve 或 reject，那么该 promise 将不能转入完结状态。在 loadImage 的示例中，我仔细审查了代码，确保不会发生任何异常。通常，我们在回调中使用 try/catch 语句，并将异常传递给 reject 处理。

不过如果执行程序函数中抛出异常，则无须捕获该异常。构造函数会产生一个被拒绝的 promise。

9.3 立即完结的 promise

调用 Promise.resolve(value) 方法会立刻返回一个已履行的（fullfilled）promise，其结果为传入的 value。在某些需要返回 promise 且可立即获得其结果的方法中，Promise.resolve(value)方法很有用：

```
const loadImage = url => {
if (url === undefined) return Promise.resolve(brokenImage)
...
}
```

如果入参 value 是一个 promise 或普通值，那么 Promise.resolve(value) 会把返回的值转换为一个 promise 后再返回；如果入参 value 本身就是 promise，那么 Promise.resolve(value)直接返回该 promise。

> 备注：为了兼容那些先于 ECMAScript promise 标准的 promise 库，Promise.resolve 方法对"thenable"对象——也就是有着 then 方法的对象——做了特殊的处理。then 方法可以在 resolve 处理函数和 reject 处理函数中调用。当以上两个处理函数中的任意一个被调用时，then 方法会返回一个 promise，参考练习题 6。

Promise.reject(error)会立刻返回一个带有给定错误的被拒绝的 promise 对象。

当要返回 promsie 的方法获取结果失败时，可以使用 Promise.reject(error)。

```
const loadImage = url => {
  if (url === undefined) {
    return Promise.reject(Error('No URL'))
  } else {
    return new Promise(...)
  }
}
```

9.4 获取promise的结果

前面的章节介绍了如何构建一个 promise 对象，现在我们来学习如何获取 promise 的结果。我们无须等待 promise 完结，反之，可以预先提供一些操作去处理 promise 完结后返回的结果或错误。这些操作会在完结后的某一时间点执行。

使用 then 方法指定需要在 promise 成功（resolved）后进行的操作。该操作函数会使用该 promise 返回的结果。

```
const promise1 = produceAfterDelay(42, 1000)
promise1.then(console.log) // 一切就绪后输出值

const promise2 = loadImage('hanafuda/1-1.png')
promise2.then(img => imgdiv.appendChild(img)) // 一切就绪后添加图片
```

 备注：then 方法是获取 promise 结果的唯一途径。

9.6 节会介绍如何处理失败的（rejected）promise。

 注意：在用不同 url 调用 loadImage 或 fetch 方法做实验时，我们可能会遇到跨域（cross-origin）报错。浏览器内的 JavaScript 引擎不允许 JavaScript 代码处理第三方域名返回的网络请求结果。除非第三方域名认为请求是安全的，并且在响应头设置同意。然而很少有网站这么做，我们可以从某些站点[1]获取 URL。如果想用其他站点做实验，那么需要使用 CORS 代理或一个浏览器插件，以便通过浏览器的检查。

9.5 promise的链式调用

前面的章节介绍了如何获取 promise 的结果。现在，我们处理一个更有意思的场景——promise 结果被传入另一个异步任务。

如果传入 then 方法的操作返回了另一个 promise，那么最终的结果就是那

---

[1] 网址详见本书电子资源文档。

9.5 promise 的链式调用

个 promise。我们可以再次调用 then 方法来处理这个结果。

例如，加载一张图片之后再加载另一张图片：

```
const promise1 = loadImage('hanafuda/1-1.png')
const promise2 = promise1.then(img => {
  imgdiv.appendChild(img)
  return loadImage('hanafuda/1-2.png') // 另一个 promise
})
promise2.then(img => {
  imgdiv.appendChild(img)
})
```

没有必要把每个 promise 都存在一个单独的变量里。通常，我们会使用"流水线"式的 promise 的链式调用。

```
loadImage('hanafuda/1-1.png')
  .then(img => {
  imgdiv.appendChild(img)
  return loadImage('hanafuda/1-2.png')
})
  .then(img => imgdiv.appendChild(img))
```

> **备注**：在使用 Fetch API 时，需要链式调用多个 promise 来读取网页的内容。
>
> ```
> fetch('https://developer.mozilla.org')
> .then(response => response.text())
> .then(console.log)
> ```
>
> fetch 方法返回一个包含请求响应的 promise。text 方法返回另一个包含页面文本数据的 promise。

我们可以把同步和异步的任务混合交替在一起：

```
loadImage('hanafuda/1-1.png')
.then(img => imgdiv.appendChild(img)) // 同步
.then(() => loadImage('hanafuda/1-2.png')) // 异步
.then(img => imgdiv.appendChild(img)) // 同步
```

严格来说，如果 then 方法输出的值并不是一个 promise，那么 then 方法会返回一个立即完成的（fullfilled）promise，这样就可以接着链式调用其他的 then 方法了。

 提示：以一个 promise 开始链式调用，可以使整个 promise 调用链看起来更对称。

```
Promise.resolve()
.then(() => loadImage('hanafuda/1-1.png'))
.then(img => imgdiv.appendChild(img))
.then(() => loadImage('hanafuda/1-2.png'))
.then(img => imgdiv.appendChild(img))
```

之前的例子展示了如何把固定数目的任务整合到一起。我们也可以通过循环构建一个任意长度的任务流水线（pipeline）：

```
let p = Promise.resolve()
for (let i = 1; i <= n; i++) {
  p = p.then(() => loadImage(`hanafuda/1-${i}.png`))
   .then(img => imgdiv.appendChild(img))
}
```

 注意：如果 then 方法的入参不是一个函数，那么入参会被丢弃！下面的写法是错误的。

```
loadImage('hanafuda/1-1.png')
.then(img => imgdiv.appendChild(img))
.then(loadImage('hanafuda/1-2.png')) // 错误：入参非函数
.then(img => imgdiv.appendChild(img))
```

第二个 then 方法调用的入参是 loadImage 方法的返回值，即一个 promise。

如果调用 p.then(arg) 时入参并不是一个函数，虽然不会报错，但是入参会被丢弃，then 方法会返回 p 的返回结果。另外，需要注意的是，虽然第二次调用 loadImage 方法是在第一次之后，但它不会等着第一个 promise 完结。

9.6 promise的失败处理

上一节介绍了如何按顺序执行多个异步任务，并且我们理想地认为所有的任务都成功了。虽然错误处理会大幅增加程序逻辑的复杂度，但是有了 promise，就可以使一串任务之间的错误传递和处理容易许多。

我们可以在调用 then 方法时提供一个错误处理器：

```
loadImage(url)
  .then(
    img => { // promise 已完结
      imgdiv.appendChild(img)
    },
    reason => { // promise 被拒绝了
      console.log({reason})
      imgdiv.appendChild(brokenImage)
    })
```

然而，通常更好的写法是 catch 方法：

```
loadImage(url)
.then(
  img => { // promise 已完结
    imgdiv.appendChild(img)
  })
  .catch(
    reason => { // 先前的 promise 已被拒绝
      console.log({reason})
      imgdiv.appendChild(brokenImage)
    })
```

使用这样的写法可以使在 resolve 处理器中的错误也被捕获到。

catch 方法会基于返回值或返回的 promise 创建并返回一个新的 promise，或者基于 catch 的入参抛出异常。

如果 catch 处理函数返回时没有抛出异常，那么当前的 promise 为成功（resolved）状态，任务串可以继续执行。

通常，一串任务只有一个错误处理器。当任意一个任务失败了，catch 函数都会被调用：

```
Promise.resolve()
  .then(() => loadImage('hanafuda/1-1.png'))
  .then(img => imgdiv.appendChild(img))
  .then(() => loadImage('hanafuda/1-2.png'))
  .then(img => imgdiv.appendChild(img))
  .catch(reason => console.log({reason}))
```

如果一个 `then` 函数抛出异常，那么它会返回一个失败的（rejected）promise。把一个失败的 promise 和另一个 `then` 方法连接在一起，则该失败的 promise 会被传递下去。因此，位于任务串末尾的 `catch` 处理器可以捕获任务串任意阶段的异常。

无论 promise 是否已经完结（settled），`finally` 方法都会调用一个处理函数。该处理函数没有入参，因为它的作用不是分析 promise 结果，而是做一些清理。`finally` 方法返回的 promise 结果与调用它的 `then` 方法中的 promise 结果相同，所以 `finally` 方法可以放入一个任务串中：

```
Promise.resolve()
  .then(() => loadImage('hanafuda/1-1.png'))
  .then(img => imgdiv.appendChild(img))
  .finally(() => { doCleanup(...) })
  .catch(reason => console.log({reason}))
```

9.7 执行多个promise

当我们有多个 promise 并希望它们都执行时，可以把它们放入一个数组或任何可迭代对象（iterable）中，然后调用 `Promise.all(iterable)`。当其他所有 promise 都完成后，该函数会返回一个最终的 promise，最终返回的 promise 的值是一个含有所有 promise 结果的可迭代对象。数据结果的顺序和所有 promise 在可迭代对象中排列的顺序相同。

我们可以通过调用 `Promise.all(iterable)` 来简单实现图片的按序加载，并插入 DOM 节点：

```
const promises = [
loadImage('hanafuda/1-1.png'),
```

```
loadImage('hanafuda/1-2.png'),
loadImage('hanafuda/1-3.png'),
loadImage('hanafuda/1-4.png')]
Promise.all(promises)
.then(images => { for (const img of images) imgdiv.appendChild(img) })
```

实际上，Promise.all 并不是同时处理多个任务的。所有的任务在同一个线程中按顺序执行，然而任务的执行顺序是不可预测的。比如，在上面的图片加载的例子中，我们不知道最先返回哪个图片的数据。

正如前文提到的，Promise.all 最终返回一个含有可迭代对象的 promise。该可迭代对象包含按序排列的每个 promise 结果，尽管每个结果返回的时间有先后之分。

在前面的示例代码中，当所有图片加载完成后，then 方法会被调用，并且图片会按正确的顺序添加到 DOM 节点中。

如果传入 Promise.all 的可迭代对象中含有非 promise，那么它们会被直接添加在结果中。

如果任何一个 promise 失败了（rejected），那么 Promise.all 会生成一个被拒绝的（rejected）promise，它的错误就是第一个失败的 promise 的错误。

如果需要更细粒度地处理失败，可以使用 Promise.allSettled。这个方法会返回一个可迭代对象，其数据结构如下所示：

```
{ status: 'fulfilled', value: result }
```

或者

```
{ status: 'rejected', reason: exception }
```

练习题 8 展示了如何处理该结果。

9.8 多个promise的竞速

有时我们希望多个请求并行执行，但是一旦第一个请求完成了，就尽快终止其他任务。一个典型的例子就是在搜索场景下对第一个结果满意时，Promise.race(iterable) 按序执行 promise，直到第一个 promise 完结（settle），该 promise 决定了竞速（race）的结果。

> **注意**：如果可迭代对象（iterable）有非 promise 的数据，那么这些非 promise 数据中的一个会成为竞速的结果。如果可迭代对象为空，那么 `Promise.race(iterable)` 永远都不会完结。

一个被拒绝的（rejected）promise 也是有可能赢得竞速的。在这种情况下，所有其他的 promise 都会被摒弃，哪怕其中有一个 promise 可能成功地返回结果。`Promise.any` 不失为一个更有用的方法，它是目前的 stage 3 提案的候选方法。

当异步任务中的一个成功后，`Promise.any` 方法才会停止。在最不乐观的情况下，所有的 promise 都失败了，`Promise.any` 会返回一个聚合了所有任务错误的 promise。

```
Promise.any(promises)
.then(result => ...) // 处理第一个已完结的 promise 结果
.catch(error => ...) // 没有一个 promise 完结
```

9.9　async函数

我们已经学习了如何用 then 和 catch 方法构建一串 promise 任务链，以及如何用 `Promise.all` 和 `Promise.any` 方法并行执行多个 promise。然而，这种方法脱离了我们熟悉的语法和控制流，而自己构造一连串方法调用的编程风格并不方便。

await/async 语法可以帮助我们更自然且方便地使用 promise。

例如，下列表达式在等待着 promise 完结并返回它的结果：

```
let value = await promise
```

但是我们在本章的开头说过，让 JavaScript 方法一直等待是一个糟糕的主意。确实如此，我们不能在一个普通的方法中使用 await。await 操作符只能在标记了 async 关键字的方法中使用：

```
const putImage = async (url, element) => {
  const img = await loadImage(url)
  element.appendChild(img)
}
```

编译器会转化 async 方法，使得只有当 promise 完成后，await 操作符之后的程序才会被执行。例如，putImage 方法与以下写法等价：

```
const putImage = (url, element) => {
  loadImage(url)
  .then(img => element.appendChild(img))
}
```

可以使用多个 await：

```
const putTwoImages = async (url1, url2, element) => {
  const img1 = await loadImage(url1)
  element.appendChild(img1)
  const img2 = await loadImage(url2)
  element.appendChild(img2)
}
```

也可以在循环中使用 await：

```
const putImages = async (urls, element) => {
  for (url of urls) {
    const img = await loadImage(url)
    element.appendChild(img)
  }
}
```

从这些例子中可以看出，编译器背后的重写工作其实并不简单。

 注意：在调用一个 sync 方法时，如果忘记了 await 关键字，那么方法调用后会返回一个 promise，但是这个 promise 什么都不会做。以下例子改编自令人迷惑的博客文章。

```
const putImages = async (urls, element) => {
  for (url of urls)
   putImage(url, element) // 错误,async putImage 方法没有 await 关键字
}
```

以上 putImages 方法会产生多个 promise 对象，然后这些 promise 对象会被忽略，并最终返回 Promise.resolve(undefined)。如果一切正常，图片会被按某种顺序插入 DOM 节点；但如果有任何异常抛出，则无法捕获。

我们可以在以下写法中使用 `async` 关键字。
- 箭头函数：

```
async url => { ... }
async (url, params) => { ... }
```

- 方法：

```
class ImageLoader {
  async load(url) { ... }
}
```

- 命名和匿名方法：

```
async function loadImage(url) { ... }
async function(url) { ... }
```

- 对象的字面量方法：

```
obj = {
  async loadImage(url) { ... },
  ...
}
```

> **备注**：在所有的例子中，`async` 标记的函数最终是一个 `AsyncFunction` 实例，而不是 `Function` 实例，尽管 `typeof` 依然显示 `'function'`。

9.10 async返回值

一个 async 函数看起来像返回了一个值，但其实它永远都返回一个 promise。这里有一个例子，URL（https://aws.random.cat/meow）提供了一些随机的猫咪图片地址，返回的是一个如下的 JSON 对象：

```
{ file:
  'https://purr.objects-us-east-1.dream.io/i/mDh7a.jpg'
}
```

通过 Fetch API，我们可以获取 promise 结果：

```
const result = await fetch('https://aws.random.cat/meow')
const imageJSON = await result.json()
```

第二个 `await` 是必要的，因为 Fetch API 的 JSON 处理是通过异步调用 `result.json()` 返回另一个 promise 而实现的。

现在，我们可以写一个返回猫咪图片 URL 地址的方法：

```
const getCatImageURL = async () => {
  const result = await fetch('https://aws.random.cat/meow')
  const imageJSON = await result.json()
  return imageJSON.file
}
```

当然，方法必须有 `async` 关键字标记，因为它使用了 `await` 操作符。

看起来该方法似乎返回了一个字符串。`await` 操作符的作用是让我们可以处理值而不是 promise。但是当不在 `async` 方法作用域时，返回的就不再是一个值了，而永远是一个 promise。

我们该如何处理一个 `async` 方法呢？由于它返回了一个 promise，因此我们可以通过调用 `then` 方法来获取结果：

```
getCatImageURL()
  .then(url => loadImage(url))
  .then(img => imgdiv.appendChild(img))
```

或者可以用 `await` 操作符获取结果：

```
const url = await getCatImageURL()
const img = await loadImage(url)
imgdiv.appendChild(img)
```

第二种写法看起来更好一些，但是需要另一个 `async` 方法。也许有的读者会发现，一旦进入 `async` 的世界，就很难走出去了。

思考一下 `async` 方法的最后一行：

```
const loadCatImage = async () => {
  const result = await fetch('https://aws.random.cat/meow')
  const imageJSON = await result.json()
  return await loadImage(imageJSON.file)
}
```

我们可以省略最后一个 await 操作符:

```
const loadCatImage = async () => {
  const result = await fetch('https://aws.random.cat/meow')
  const imageJSON = await result.json()
  return loadImage(imageJSON.file)
}
```

这两种写法的方法最终都会返回一个 promise,该 promise 包含着调用 loadImage 后异步获取到的图片结果。

我发现第一种写法更易于理解,因为 async/await 语法贯穿始终,每个 await 关键字背后都隐藏着一个 promise。

 注意:在 try/catch 语句中,return await promise 和 return promise 有细小的区别,请参考练习题 11。在这种情况下,我们肯定不希望漏掉 await 关键字。

当 async 方法在 await 调用前返回一个值时,该值会被包裹在 Promise.resolve() 中。

```
const getJSONProperty = async (url, key) => {
  if (url === undefined) return null
  // 实际上返回的是 Promise.resolve(null)
  const result = await fetch(url)
  const json = await result.json()
  return json[key]
}
```

备注:本节假设 async 方法异步返回单一值。第 12 章会介绍 async 可迭代对象如何异步返回一组值。下面的示例将按给定的延迟时间依次返回每个整数。

```
async function* range(start, end, delay) {
  for (let current = start; current < end; current++) {
    yield await produceAfterDelay(current, delay)
  }
}
```

不要担心 `async generator` 方法的语法。我们通常可能不会自己去写这样的方法，而是用库里提供的。我们可以通过 `for await` 循环来获取结果：

```
for await (const value of range(0, 10, 1000)) {
console.log(value)
}
```

该循环必须在一个 `async` 方法内部，因为它会等待（await）所有的值。

9.11　并行await

当多个 `await` 连续调用时，只有前一个返回结果，后续的 `await` 才会执行：

```
const img1 = await loadImage(url)
const img2 = await loadCatImage() // 只有第一张图片加载了才会开始执行
```

但是并行加载图片似乎更为高效，我们可以用 `Promise.all` 来实现：

```
const [img1, img2] = await Promise.all([loadImage(url), loadCatImage()])
```

为了理解这个表达式，只知道 `async/await` 语法是不够的，还需要理解 promise。

`Promise.all` 的入参是一组可迭代的 `promise` 对象。在上面的例子中，`loadImage` 方法是一个返回 `promise` 的普通方法，`loadCatImage` 是一个只返回 promise 的 `async` 方法。

`Promise.all` 方法返回一个 promise，所以我们可以用 `await` 关键字等待它的返回。该 promise 的结果是一个可以被解构的数组。如果不理解其背后的原理，就会很容易犯错。考虑以下语句：

```
const [img1, img2] = Promise.all([await loadImage(url), await loadCatImage()])
// 错误,依然是串行的（一个接一个执行的）
```

这个语句可编译和运行，但是它并没有并行加载图片，因为必须等到 `await loadImage(url)` 完成后，才会开始调用 `await loadCatImage()`。

9.12　async方法中的异常

在 async 方法中抛出异常会生成一个被拒绝的（rejected）promise。

```
const getAnimalImageURL = async type => {
  if (type === 'cat') {
    return getJSONProperty('https://aws.random.cat/meow', 'file')
  } else if (type === 'dog') {
    return getJSONProperty('https://dog.ceo/api/breeds/image/random', 'message')
  } else {
    throw Error('bad type') // async 方法返回一个被拒绝的 promise
  }
}
```

相应地，当一个 await 操作符收到一个被拒绝的（rejected）promise 后，它会抛出一个异常。下述方法捕获到了 await 操作符抛出的异常：

```
const getAnimalImage = async type => {
  try {
    const url = await getAnimalImageURL(type)
    return loadImage(url)
  } catch {
    return brokenImage
  }
}
```

我们不需要给每个 await 都包裹 try/catch 语句，但是 async 方法需要有错误处理的策略。我们可以在最上层的 async 方法捕获所有的异步异常，或者在文档中说明，调用 async 方法后必须对返回的 promise 使用 catch 方法做异常捕获处理。

当一个 promise 在 Node.js 最上层被拒绝了，会发出严肃警告，告诉我们 Node.js 未来的版本可能会终止这个进程，参考练习题 12。

练习题

1. 9.1 节的示例代码可能不会以正确的顺序加载图片。如何稍作修改，使得无论图片数据的返回顺序怎样，都能让图片以正确的顺序添加到 DOM 节点上？

2. 实现一个 invokeAfterDelay 方法，该方法生成一个 promise，在给定的延迟时间后调用给定的方法。通过一个 promise 生成 0～1 的随机数，当延迟时间结束时输出结果。

3. 基于练习题 2 中的 invokeAfterDelay 方法，调用 produceRandomAfterDelay 方法两次（在一定延迟时间后产生 0～1 的随机数）。当两个随机数都生成后，输出它们的和。

4. 在前面练习题的基础上，写一个循环，调用 produceRandomAfterDelay n 次，当生成所有随机数后，输出其总和。

5. 实现一个 addImage(url, element) 方法，和 9.1 节类似，返回一个 promise，使它可以被链式调用。

```
addImage('hanafuda/1-1.png')
  .then(() => addImage('hanafuda/1-2.png', imgdiv))
  .then(() => addImage('hanafuda/1-3.png', imgdiv))
  .then(() => addImage('hanafuda/1-4.png', imgdiv))
```

然后参考 9.5 节的提示，让调用链更加对称。

6. 演示 Promise.resolve 方法可以把任意一个有 then 方法的对象转换为一个 promise。提供一个对象，它的 then 方法会随机调用 resolve 或 reject 处理函数。

7. 在通常情况下，客户端应用需要推迟一些任务，直到浏览器加载完 DOM 节点后再执行。可以把这些能够推迟执行的任务放入 DOMContentLoaded 事件的监听器中，但是如果 document.readyState != 'loading'，loading 已经完成了，那么这个事件就永远不会再被唤起。用一个返回 promise 的方法捕获这种情况，使我们可以调用 DOMContentLoaded().then(...)。

8. 构建一个图片 URL 的数组：一些是可成功加载的，一些由于跨域问题不能成功加载（参考 9.2 节末尾的提示）。把每张图片的加载都转化为一个 promise：

```
const urls = [...]
const promises = urls.map(loadImage)
```

对 promise 数组调用 allSettled 方法。当 promise 完成时，遍历数组，把已经加载好的图片添加到 DOM 元素上，并输出加载失败的图片。

```
Promise.allSettled(promises)
  .then(results => {
    for (result of results)
      if (result.status === 'fulfilled') ... else ...
  })
```

9. 重复练习题 8，使用 await 方法实现。

10. 实现一个 sleep 方法，返回一个 promise，调用方法如下：

```
await sleep(1000)
```

11. 请说出下列两种方法的区别。

```
const loadCatImage = async () => {
  try {
    const result = await fetch('https://aws.random.cat/meow')
    const imageJSON = await result.json()
    return loadImage(imageJSON.file)
  } catch {
    return brokenImage
  }
}


const loadCatImage = async () => {
  try {
    const result = await fetch('https://aws.random.cat/meow')
    const imageJSON = await result.json()
    return await loadImage(imageJSON.file)
  } catch {
    return brokenImage
  }
}
```

提示：如果 loadImage 在未来返回失败（rejected），会发生什么？

12. 试验一下，在 Node.js 中调用一个抛出异常的 async 方法。已给出：

```
const rejectAfterDelay = (result, delay) => {
  return new Promise((resolve, reject) => {
    const callback = () => reject(result)
    setTimeout(callback, delay)
  })
}
```

试一下：

```
const errorAfterDelay = async (message, delay) => await rejectAfterDelay(new Error(message), delay)
```

现在调用 errorAfterDelay 方法，会出现什么问题？如何避免这种问题？

13. 对于定位一个被遗忘的 await 操作符来说，练习题 12 的错误信息有什么作用？例如：

```
const errorAfterDelay = async (message, delay) => {
  try {
    return rejectAfterDelay(new Error(message), 1000)
  } catch(e) { console.error(e) }
}
```

14. 写出一段完整的程序，演示 9.7 节中的 Promise.all 和 Promise.race 方法。

15. 写一个 produceAfterRandomDelay 方法，它在任意延迟时间（在 0 到给定的最大毫秒范围内）后生成一个值。然后生成一个数组，数组中分别是在 1ms 后、2ms 后……10ms 后调用的 produceAfterRandomDelay 方法的返回。把该数组传入 Promise.all，请问返回结果的顺序是怎样的？

16. 用 Fetch API 加载一张（不跨域）图片。获取 URL，然后在返回中调用 blob() 方法，获取一个 BLOB 的 promise。像 loadImage 方法那样，把它转化为一张图片。给出两种解法，一种用 then，另一种用 await。

17. 用 Fetch API 获取一个（不跨域）的 HTML 网页。搜索所有的图片 URL 并加载每一张图片。

18. 当我们协调未来任务时，有可能由于某些因素的改变，该任务不再需要被执行，并且要被取消。请设计一个取消的机制，设想有一个多步进程，就像前面的练习题一样。在每个阶段，都要终止这段进程。在 JavaScript 中没有标准的实现方法,但是 API 通常会提供"取消符"(cancellation tokens)。`fetchImages`方法可能会接受额外的参数。

```
const token = new CancellationToken()
const images = fetchImages(url, token)
```

调用者可以过一段时间再调用:

```
token.cancel()
```

在 `cancelable async function` 的实现中,如果已经请求取消了,那么调用 `token throwIfCancellationRequested()` 会抛出一个异常。请实现这种机制,并写一个例子来展示。

19. 如下代码会完成一些异步的任务,例如获取远程数据、处理数据,并返回 promise 做进一步处理:

```
const doAsyncWorkAndThen = handler => {
  const promise = asyncWork();
  promise.then(result => handler(result));
  return promise;
}
```

如果 `handler` 抛出一个异常,会发生什么?如何重新组织一下这段代码?

20. 当给一个不返回 promise 的方法加上 `async` 关键字时,会发生什么?

21. 如果把 `await` 关键字加到一个非 promise 的表达式前,会发生什么?如果这个表达式抛出一个异常,会发生什么?这样做有什么原因吗?

模 块

本章内容

10.1 模块的概念 — 229
10.2 ECMAScript 模块 — 230
10.3 默认导入 — 231
10.4 具名导入 — 231
10.5 动态导入 — 232
10.6 导出 — 233
10.7 打包模块 — 237
练习题 — 238

第10章

在编写可被其他开发人员复用的代码时，实现公共、私有接口的分离就显得尤为重要。在面向对象编程语言中，这种分离是通过类来实现的。类可以通过更改其私有实现进行迭代，而不影响其用户的功能。（在第 4 章中，虽然 JavaScript 中隐藏的私有特性还没有完全被支持，但这是迟早的事。）

在规模更大的编程项目中，模块系统可以提供同样的好处。一个模块可以在忽略其他模块的情况下，让特定的类或函数可用，这样模块的迭代就可控了。

一些库提供了专门为 JavaScript 开发的模块系统。2015 年，ECMAScript 6 实现了一个简单的模块系统，这也是本章的主题。

10.1 模块的概念

模块为开发人员提供了一些特性（比如类、函数等），称为导出特性。任何未导出的特性都是模块的私有特性。

模块还可以指定它所依赖的其他模块。当一个模块被需要时，JavaScript 运行时将连同它依赖的模块一起加载。

模块还可以管理变量名冲突。由于模块的私有特性对外部是隐藏的，所以它们的变量名并不重要，且永远不会与模块以外的任何变量发生变量名冲突。使用公共特性时，可以对其进行重命名，使其具有唯一的名称。

> **备注**：在此方面，JavaScript 的模块不同于依赖全局唯一名称的 Java 包或模块。

模块是不同于类的，这一点很重要。类可以有很多实例，但模块没有实例，它只是类、函数或值的容器。

10.2 ECMAScript 模块

如果一个 JavaScript 开发者希望某些特性可以被其他开发人员使用，并将这些特性放在一个文件中，那么使用这些特性的开发者只要将这个文件包含在其项目中即可。

假设现在有一名开发者导入了来自多个开发者的文件，其中一些特性名称很可能会相互冲突。更糟糕的是，每个文件都包含辅助函数和变量，它们的名称会导致进一步的冲突。

显然，需要用某种方式来隐藏实现细节。多年以来，JavaScript 开发人员通过闭包来模拟模块，将辅助函数和类放在包装器函数中，类似于第 3 章中的"固定对象"技术。他们开发了特殊的方法用于发布开发的特性和依赖关系。

Node.js 实现了一个管理模块依赖关系的模块系统（Common.js）。当一个模块被需要时，它和它的依赖项就会被加载。这种加载会随着被需要关系的出现而同步执行。

AMD（异步模块定义）标准定义了一个异步加载模块的系统，更适合基于浏览器的应用。

ECMAScript 模块改进了这两个系统，它可以在不执行其主体的同时，解析并快速地建立其依赖和导出的内容，这就允许异步加载和循环依赖。如今，JavaScript 世界正在过渡到 ECMAScript 模块系统。

> **备注**：对于 Java 程序员来说，JavaScript 模块的类似物是 Maven 工件或者从 Java 9 开始的 Java 平台模块。工件提供依赖信息，但不提供封装（除 Java 类和包外）。Java 平台模块提供了这两种功能，但是它们比 ECMAScript 模块要复杂得多。

10.3 默认导入

只有少数开发者编写模块，大多数开发人员只是使用它们。因此，我们从最常见的情况开始讲解——从现有模块导入特性。

最常见的是导入函数和类。我们也可以导入对象、数组和基本类型值。

模块实现者可以将一个特性（一般是最有用的特性）用 `default` 标记。`import` 语法更易于导入默认特性。考虑以下例子，我们从提供加密服务的模块中导入一个类：

```
import CaesarCipher from './modules/caesar.mjs'
```

这条语句指定默认特性的名称，后面是包含模块实现的文件。有关指定模块位置的更多细节，请参考 10.7 节。

程序中的功能名称完全由我们决定，根据个人喜好，我们也可以取一个简短的名字：

```
import CC from './modules/caesar.mjs'
```

如果你使用的是将其功能作为默认特性导出的模块，那么只需要了解 ECMAScript 模块系统即可。

> **备注**：在浏览器中，模块位置必须是一个完整的 URL 或以 `./`、`../`、`/` 开头的相对 URL。这种限制为将来对已知的包名或路径进行特殊处理提供了可能。
> 在 Node.js 中，我们可以使用一个以 `./`或`../` 开头的相对 URL，或 `file://` URL，也可以指定包名。

10.4 具名导入

模块可以在默认特性之外导出具名特性，也可以只导出具名特性。模块实现者为每个非默认特性提供一个名称，这样我们就可以任意导入这些具名特性。

这里我们导入在模块中叫作 `encrypt` 和 `decrypt` 的两个函数：

```
import { encrypt, decrypt } from './modules/caesar.mjs'
```

其中有一个潜在的陷阱。如果希望从两个模块导入加密函数，而且它们的名称都是 encrypt，那该怎么办呢？幸运的是，我们可以重命名导入的特性：

```
import { encrypt as caesarEncrypt, decrypt as caesarDecrypt }
from './modules/caesar.mjs'
```

这样就可以避免名称上的冲突了。

如果希望同时导入默认特性和一个或多个具名特性，那么可以组合如下两个语法元素：

```
import CaesarCipher, { encrypt, decrypt } from './modules/caesar.mjs'
```

或者

```
import CaesarCipher, { encrypt as caesarEncrypt, decrypt as caesarDecrypt} ...
```

> 备注：在只导入一个非默认特性时，要确保使用大括号。
>
> ```
> import { encrypt } from './modules/caesar.mjs'
> ```
>
> 如果没有括号，那么你需要为默认特性指定一个名称。

如果一个模块导出了许多名称，那么在 import 语句中对每个名称进行命名会非常烦琐。这时，我们可以将所有导出的特性装入一个对象中：

```
import * as CaesarCipherTools from './modules/caesar.mjs'
```

然后通过 CaesarCipherTools.encrypt 和 CaesarCipherTools.decrypt 来使用导入的函数。如果有默认特性，可以通过 CaesarCipherTools.default 访问。我们也可以这样命名：

```
import CaesarCipher, * as CaesarCipherTools ...
```

可以使用 import 语句而不导入任何内容：

```
import './app/init.mjs'
```

然后文件中的语句会自动执行，但不导入任何内容，但这种用法并不常见。

10.5 动态导入

stage 4 的提案允许我们导入位置不固定的模块。按需加载模块有助于降低应用程序的开销，减少占用空间。

对于动态导入，使用 `import` 关键字就像它是一个函数，参数是模块的位置：

```
import(`./plugins/${action}.mjs`)
```

动态 `import` 语句异步地加载模块。该语句为包含所有导出特性的对象生成一个 `promise` 对象。当模块被加载完成时，`promise` 的状态变为已履行。然后我们可以使用它的特性：

```
import(`./plugins/${action}.mjs`)
  .then(module => {
    module.default()
    module.namedFeature(args)
    ...
  })
```

也可以使用 async/await 符号：

```
async load(action) {
  const module = await import(`./plugins/${action}.mjs`)
  module.default()
  module.namedFeature(args)
  ...
}
```

使用动态导入时，无须通过名称导入特性，也没有用于重命名特性的语法。

> 备注：`import` 关键字不是函数，尽管它看起来像函数。它只是给出了一个类似函数的语法，类似于 `super` 关键字的 `super(...)` 语法。

10.6 导出

在了解了如何从模块中导入特性之后，接下来我们切换到模块实现者的视角。

10.6.1 具名导出

在模块中，可以用 `export` 标记任意数量的函数、类或变量声明：

```
export function encrypt(str, key) { ... }
export class Cipher { ... }
export const DEFAULT_KEY = 3
```

或者可以提供一个带有导出特性名称的导出声明：

```
function encrypt(str, key) { ... }
class Cipher { ... }
const DEFAULT_KEY = 3
...
export { encrypt, Cipher, DEFAULT_KEY }
```

通过这种形式的导出声明，我们可以为导出特性提供一个不同的名称：

```
export { encrypt as caesarEncrypt, Cipher, DEFAULT_KEY }
```

切记，export 语句定义了导出特性的名称。导入模块可以使用提供的名称或选择不同的名称来访问特性。

 备注：导出的特性必须定义在模块的顶级作用域内。不可以导出本地的函数、类或变量。

10.6.2 默认导出

最多只有一个函数或类可以标记为导出默认值：

```
export default class Cipher { ... }
```

在本例中，Cipher 类就是模块的默认特性。

不允许对变量声明使用 export default。如果希望默认导出为值，那么不要声明变量，简单地在值前面使用 export default 即可：

```
export default 3 // 可以
export default const DEFAULT_KEY = 3
// 错误，export default 对于 const/let/var 声明不生效
```

我们一般不会将简单的常量作为默认值，更常见的是导出一个具有多种功能的对象：

```
export default { encrypt, Cipher, DEFAULT_KEY }
```

可以对匿名函数或类使用这种语法：

```
export default (s, key) => { ... } // 没有必要命名该函数
```

或者

```
export default class { // 没有必要命名该类
  encrypt(key) { ... }
  decrypt(key) { ... }
}
```

最后，我们可以使用重命名语法来声明默认特性：

```
export { Cipher as default }
```

 备注：默认特性只是一个名为 default 的特性。但是因为 default 是一个关键字，所以不能使用它作为标识符，必须使用本节中的一种语法形式。

10.6.3　导出变量

每个导出的特性都是一个具有名称和值的变量，该值可以是函数、类或任意的 JavaScript 值。

导出特性的值会随着时间而变化。这些更改在导入模块中也是可见的，换句话说，一个导出的特性对应一个变量，而不仅仅是一个值。

例如，日志模块可能会导出一个储存当前日志级别的变量和一个用于更改它的函数：

```
export const Level = { FINE: 1, INFO: 2, WARN: 3, ERROR: 4 }
export let currentLevel = Level.INFO
export const setLevel = level => { currentLevel = level }
```

例如，现在有一个导入日志记录模块的模块，该模块带有如下语句：

```
import * as logging from './modules/logging.mjs'
```

最初，在这个模块中，logging.currentLevel 值为 Level.INFO 或 2。如果模块被调用：

```
logging.setLevel(logging.Level.WARN)
```

那么变量被更新,并且 `logging.currentLevel` 的值变为 3。

但是,在导入模块中,变量是只读的。不能进行如下设置:

```
logging.currentLevel = logging.Level.WARN
// 错误,不能对已导入的变量赋值
```

在模块被解析时,保存导出特性的变量被创建,但是只有在模块主体被执行时,该变量才会被填充。这就实现了模块之间的循环依赖(参考练习题 6)。

 注意:如果有一个相互依赖的模块循环,那么当一个导出的特性在另一个模块中使用时,它可能仍然是 undefined,参考练习题 11。

10.6.4 重新导出

当我们提供一个具有丰富 API 和复杂实现的模块时,很可能会依赖于其他模块。当然,模块系统会负责依赖管理,因此模块用户不必为此担心。但是,在某些情况下,我们希望把某个模块的有用特性开放给使用者,这时我们可以重新导出这些特性,而不是要求使用者自己导入这些特性。

例如,从另一个模块重新导出特性:

```
export { randInt, randDouble } from './modules/random.mjs'
```

任何导入这个模块的人都可以使用 `./modules/random.mjs` 模块的 `randInt` 和 `randDouble` 特性,就像在这个模块中定义的一样。

可以根据个人喜好,为我们重新导出的特性重命名:

```
export { randInt as randomInteger } from './modules/random.mjs'
```

可以通过 `default` 指向重新导出模块的默认特性:

```
export { default } from './modules/stringutil.mjs'
export { default as StringUtil } from './modules/stringutil.mjs'
```

相反地,如果要重新导出另一个特性,并将其作为此模块的默认值,可以使用以下语法:

```
export { Random as default } from './modules/random.mjs'
```

也可以重新导出另一个模块的所有非默认特性：

```
export * from './modules/random.mjs'
```

如果将项目分割成许多较小的模块，然后为这些较小的模块提供一个统一的入口，并将它们全部导出，那么我们可以这样做。

export * 语句会跳过默认特性，因为从多个模块重新导出默认特性会产生冲突。

10.7 打包模块

模块不同于普通的"脚本"，原因如下。
- 模块内的代码总是在严格模式下执行的。
- 每个模块都有自己的顶级作用域，与 JavaScript 运行时的全局作用域不同。
- 模块即使被多次加载，也只被处理一次。
- 模块是异步处理的。
- 模块可以包含 import 和 export 语句。

JavaScript 运行时在读取模块内容时，必须知道它处理的是模块而不是普通脚本。

在浏览器中，我们可以通过带有 type 属性为 module 的 script 标签来加载模块：

```
<script type="module" src="./modules/caesar.mjs"></script>
```

在 Node.js 中，可以使用文件扩展名 .mjs 来表示该文件是一个模块。如果想使用普通的 .js 扩展，那么我们需要在 package.json 配置文件中标记模块。在以交互模式调用 node 可执行文件时，使用命令行选项——input-type=module。

对模块始终使用 .mjs 扩展似乎是最简单的。所有运行时和构建工具都能识别这个扩展。

> 备注：当从 web 服务器提供 .mjs 文件时，服务器需要提供响应头包含 Content-Type: text/javascript 的响应。

注意：与常规脚本不同，浏览器获取模块受 CORS 限制。如果从一个不同的域加载模块，服务器必须返回一个 Access-Control-Allow-Origin 的响应头。

备注：import.meta 属于 stage 3 提案，它提供了关于当前模块的信息。一些 JavaScript 运行时提供了模块加载的 URL，即 import.meta.url。

练习题

1．找到一个用于统计学计算的 JavaScript 库（比如 GitHub 中的 simple-statistics）。编写一段程序，将库作为 ECMAScript 模块导入，并计算数据集的平均值和标准差。

2．找到一个用于加密的 JavaScript 库（比如 GitHub 中的 crypto-js）。编写一段程序，将库作为 ECMAScript 模块导入，并对一条消息加密，然后对其解密。

3．实现一个简单的日志模块，当日志级别超出给定阈值时，该模块会输出日志信息。导出一个日志函数、标记日志级别的常量和一个用于设置阈值的函数。

4．重复前面的练习，但是导出一个类作为默认特性。

5．实现一个使用 Caesar 密码（向每个码位添加一个常量）的简单加密模块。使用前面练习中的日志模块记录所有的调用，并进行解密。

6．作为模块之间循环依赖的示例，请重复前面的练习，但是提供一个选项来加密日志模块中的日志。

7．实现一个提供随机整数、随机整数数组和随机字符串的简单模块，尽可能多地使用不同形式的导出语法。

8．解释如下两者的区别。

import Cipher from './modules/caesar.mjs'

与

import { Cipher } from './modules/caesar.mjs'

9. 解释如下两者的区别。

```
export { encrypt, Cipher, DEFAULT_KEY }
```

与

```
export default { encrypt, Cipher, DEFAULT_KEY }
```

10. 以下哪项是有效的 JavaScript 语法？

```
export function default(s, key) { ... }
export default function (s, key) { ... }
export const default = (s, key) => { ... }
export default (s, key) => { ... }
```

11. 树有两种节点：有子节点的（父母节点）和没有子节点的（叶子节点）。我们以继承的方式建模：

```
class Node {
  static from(value, ...children) {
    return children.length === 0 ? new Leaf(value)
      : new Parent(value, children)
  }
}

class Parent extends Node {
  constructor(value, children) {
    super()
    this.value = value
    this.children = children
  }
  depth() {
    return 1 + Math.max(...this.children.map(c => c.depth()))
  }
}

class Leaf extends Node {
  constructor(value) {
    super()
    this.value = value
  }
```

```
  depth() {
    return 1
  }
}
```

现在，热衷于模块的开发人员希望将每个类放到单独的模块中，然后用一个 Demo 试一试：

```
import { Node } from './node.mjs'

const myTree = Node.from('Adam',
  Node.from('Cain', Node.from('Enoch')),
  Node.from('Abel'),
  Node.from('Seth', Node.from('Enos')))
console.log(myTree.depth())
```

这会发生什么？为什么呢？

12. 通过不使用继承或将所有类放在一个模块中的方式，可以很容易地避免前面练习中的问题。在一个更大型的系统中，这些替代方案可能不可行。在这个练习中，将每个类保留在其自己的模块中，并提供一个重新导出这 3 个模块的入口模块 tree.mjs。所有的模块都从 ./tree.mjs 中导入特性，而不是从单独的模块导入。为什么这样能解决问题呢？

元编程

本章内容

11.1 symbol — 243
11.2 定制 symbol 属性 — 245
11.3 属性的特性 — 248
11.4 枚举属性 — 250
11.5 测试单个属性 — 252
11.6 保护对象 — 252
11.7 创建或更新对象 — 253
11.8 访问和更新原型 — 254
11.9 克隆对象 — 254
11.10 函数属性 — 257
11.11 绑定参数和调用方法 — 258
11.12 代理 — 260
11.13 Reflect 类 — 262
11.14 proxy 不变量 — 265
练习题 — 267

第 11 章

本章将深入探讨一些高级的 API，它们可以用于创建具有非标准行为的对象，并编写适用于通用对象的代码。

首先看 symbol，它是除字符串外唯一可用于对象属性名称的类型。通过内置的 symbol 来定义属性，我们能够定制 API 方法的行为。

然后，我们详细研究对象属性。对象的属性本身可以具有特性[1]，本章会介绍如何使用适当的特性来分析、创建和更新属性。作为一个应用程序，我们会在一个深复制函数中应用这些特性。

接着，我们会研究函数对象和方法来绑定参数和调用具有给定参数的函数。

最后介绍代理如何拦截对象，主要详细研究两个应用：监视对象的访问和动态创建属性。

11.1 symbol

JavaScript 对象具有一系列以 `String` 类型为键的属性，但是使用字符串作为属性的键会有一些限制。现代 JavaScript 提供了可用于对象的键的第二种类型——`Symbol` 类型。

---

[1] 译者注：attribute 和 property 两词意思相近，本书中将 attribute 译为特性，property 译为属性。

symbol 有 string 标签，但它们并不是 string。[1]

创建一个 symbol 如下：

```
const sym = Symbol('label')
```

symbol 是唯一的，如果创建了第二个 symbol：

```
const sym2=Symbol('label')
```

那么它们并不相等，sym !== sym2。

这是 symbol 的主要优势之一。当我们需要 key 具有唯一性时，如果用计数器、时间戳或随机数来实现，我们会担心有重叠，这时可以用 symbol 轻松解决。

> 备注：不能使用 new 创建一个 symbol，new Symbol('label')会抛异常。

由于 symbol 并不是字符串，所以我们不能使用点运算符作为 symbol 的 key，只能使用方括号：

```
let obj = {[sym]: initialValue}
obj [sym] = newValue
```

如果要将某些属性添加到已有的对象（例如 DOM 节点）上，不建议使用字符串 key：

```
node.outcome ='success'
```

因为即使节点当前没有名为 outcome 的 key，但是并不能保证以后不会有。

而使用 symbol 是完全安全的：

```
let resultSymbol = Symbol ('outcome')
node[outcomeSymbol] ='success'
```

注意，需要将 symbol 保存在变量或对象中，以便在需要时可以获取它。

例如，Symbol 类有一些"众所周知"的 symbol，下一章节将介绍 Symbol.iterator 和 Symbol.species。

如果需要跨多个域（例如，不同的 iframe 或 web 工作人员）共享 symbol，那么可以使用一个全局的 symbol；若要创建或检索以前创建的全局 symbol，可以使用 Symbol.for 方法。这个方法提供了一个全局唯一的 key：

```
let sym3 = Symbol.for('com.horstmann.outcome')
```

---

[1] 译者注：symbol 是一个新的基本类型。它和 string 相似，但又有明显的区别（例如，没有字面量语法）。

备注：typeof 操作符在应用于 symbol 时，其结果是一个字符串 'symbol'。

11.2 定制symbol属性

在 JavaScript API 中，symbol 的属性可以用来定制类的行为。Symbol 类有一系列内置的属性，如表 11-1 所示。后续的小节中将详细地进行研究。

表 11-1 symbol 的内置属性

symbol 属性	描述
toString Tag	定制 Object 类的 toString 方法，见 11.2.1 节
toPrimitive	定制转化为原始类型，见 11.2.2 节
species	创建结果集合的构造函数，用于 map 和 filter 等方法，见 11.2.3 节
iterator, asyncIterator	定义迭代器和异步迭代器，见第 12 章

hasInstance	定制 instanceof 的行为：
	`class Iterable {`
	  `static [Symbol.hasInstance](obj) {`
	    `return Symbol.iterator in obj`
	  `}`
	`}`
	`[1, 2, 3] instanceof Iterable`

match, matchAll, replace, search, split	String 方法，重新定义 RegExp 以外的对象，见练习题 2

isConcatSpreadable	用于 Array 的 concat 方法：
	`const a = [1, 2]`
	`const b = [3, 4]`
	`a[Symbol.isConcatSpreadable] = false`
	`[].concat(a, b)` ⇒ `[[1, 2], 3, 4]`

11.2.1 定制 toString

我们可以在对象或类中更改 toString 方法的行为。在默认情况下，它输出 '[object object]'。但是如果一个对象有一个属性是 Symbol.toStringTag，那么调用 toString() 输出该属性值而不是 object。例如：

```
const harry = { name: 'Harry Smith', salary: 100000 };
harry[Symbol.toStringTag] = 'Employee';
console.log(harry.toString())    // 输出 '[object Employee]'
```

当定义一个类时，可以在构造函数中设置属性：

```
class Employee {
    constructor(name, salary) {
        this[Symbol.toStringTag] = 'Employee'
        ...
    }
    ...
}
```

也可以提供一个 get 方法，用如下的特殊语法：

```
class Employee {
    ...
    get [Symbol.toStringTag]() {
        return JSON.stringify(this) }
}
```

关键点是内置的 symbol 提供了一个钩子，用于定制 API 方法的行为。

11.2.2 控制类型转换

如果重载 valueOf 方法仍然不够强，那么 Symbol.toPrimitive 提供了对基本类型转换的额外控制。例如下面这个关于百分比的类：

```
class Percent {
    constructor(rate) { this.rate = rate }
    toString() { return `${this.rate}%` }
    valueOf() { return this.rate * 0.01 }
}
```

考虑如下代码：

```
const result = new Percent(99.44)
console.log('Result: ' + result) // 输出结果为 Result: 0.9944
```

为什么不是 "99.44%" 呢？因为+号在 valueOf 方法可用时使用了该方法。补救办法是添加一个以 Symbol.toPrimitive 为 key 的方法：

```
[Symbol.toPrimitive](hint) {
    if (hint === 'number')
        return this.rate * 0.01
    else
```

```
        return `${this.rate}%`
}
```

参数 hint 如下。
- 'number'：除+和比较符以外的其他运算符。
- 'string'：`${...}`或 String(...)。
- 'default'：+ 或 ==。

实际上，这个机制的作用有限，因为 hint 没有给我们足够的信息。我们真正想要的是另一个操作数的类型，见练习题 1。

11.2.3 specy

在默认情况下，数组的 map 方法返回的数组与调用 map 的数组来自同一个构造函数：

```
class MyArray extends Array {}
let myValues = new MyArray(1, 2, 7, 9)
let newValues = myValues.map(x => x * x)   // 衍生自 MyArray
newValues instanceof MyArray    // true
```

这并不总是合适的。假如用一个继承自 Array 的 Range 类来描述一组整数：

```
class Range extends Array {
    constructor(start, end) {
        super()
        for (let i = 0; i < end - start; i++)
            this[i] = start + i
    }
}
```

range 在变换后通常就不再是 range 了：

```
const myRange = new Range(10, 99)
let newValues = myRange.map(x => x * x) // 不应该是 Range
```

这样的集合类可以指定另一个构造函数作为 Symbol.species 的属性：

```
class Range extends Array {
    ...
    static get [Symbol.species]() {
        return Array
    }
}
```

```
newValues instanceof Range      // false
newValues instanceof Array      // true
```

这个构造函数被可以创建新数组的数组方法使用,例如 `map`、`filter`、`flat`、`flatMap`、`subarray`、`slice`、`splice` 和 `concat`。

11.3 属性的特性

在本节和下面几节中,我们将验证表 11-2 中总结的 `Object` 类的所有函数和方法。

表 11-2 `Object` 类的函数和方法

名称	描述
函数	
`defineProperty(obj, name, descriptor)` `defineProperties(obj,{ name1: descriptor1, ... })`	定义一个或多个属性描述符
`getOwnPropertyDescriptor(obj, name)`, `getOwnPropertyDescriptors(obj)`, `getOwnPropertyNames(obj)`, `getOwnPropertySymbols(obj)`	获取对象的一个或所有非继承描述符,或者它们的字符串的 name/symbol

`keys(obj)`
`values(obj)`
`entries(obj)`
	可枚举属性的 name、value 和 [*name*, *value*] 的键值对

`preventExtensions(obj)`
`seal(obj)`
`freeze(obj)`
	不允许原型的更改和属性的添加,当然,还有属性的删除和配置、属性的改变

`isExtensible(obj)`
`isSealed(obj)`
`isFrozen(obj)`
	检查 obj 是否受到前一行中的某个函数的保护

`create(prototype,{ name1: descriptor1, ... })` `fromEntries([[name1, value1], ...])`	根据给定属性创建一个新的对象
`assign(target, source1, source2, ...)`	将所有可枚举的自身属性从源复制到目标,可以用扩展运算符替代
`getPrototypeOf(obj)` `setPrototypeOf(obj, proto)`	获取或设置原型
方法	
`hasOwnProperty(stringOrSymbol)` `propertyIsEnumerable(stringOrSymbol)`	如果对象具有给定属性,或者是可枚举的,则为 true
`isPrototypeOf(other)`	检查此对象是否是另一个对象的原型

下面从使用对象属性开始介绍。JavaScript 对象的每个属性都有如下 3 个特性。

1. 可枚举（enumerable）：当为 true 时，通过 for in 循环语句可访问属性。
2. 可写（writable）：当为 true 时，属性值可以更新。
3. 可配置（configurable）：当为 true 时，属性可以被删除，并且它的特性可以被修改。

当通过对象字面量或通过赋值方式设置属性时，这 3 个属性默认都为 true，只有一个例外。具有 symbol 键的属性不可枚举。

```
let james={name:'james Bond'}
// james.name 名字可写、可枚举、可配置
```

此外，数组的 length 属性是可写的，但不可枚举或不可配置。

> **备注**：在严格模式下，可写和可配置属性通过抛出异常被强制执行；在非严格模式下，违规行为会被悄悄忽略。

我们可以通过 Object.defineProperty 函数将属性动态定义为任何名字和特性值：

```
Object.defineProperty(james, 'id', {
    value: '007',
    enumerable: true,
    writable: false,
    configurable: true
})
```

最后一个参数被称为属性描述符。

当定义了一个新的属性但是没有指定特性值时，它会被默认设置为 false。

当这个属性是可配置的时，我们可以通过这个函数改变已经存在的属性的特性值。

```
Object.defineProperty(james, 'id', {
    configurable: false
}) // 现在 james.id 属性不能被删除，它的特性也不能被修改了
```

我们可以通过为 get 和 set 的属性提供函数的方式定义 getter 和 setter 属性：

```
Object.defineProperty(james, 'lastName', {
    get: function () { return this.name.split(' ')[1] },
    set: function (last) { this.name = this.name.split(' ')[0] + ' ' + last }
})
```

注意，由于需要用到 this 参数，所以这里不能使用箭头函数。

当引用属性值时，会调用 get 函数：

```
console.log(james.lastName) // 输出 Bond
```

当给属性赋值时，会调用 set 函数：

```
james.lastName = 'Smith' // 现在 james.name 是 'James Smith'
```

> 备注：第 4 章介绍了如何在一个类中定义 getter 和 setter，即在方法前添加前缀 get 或 set。就像刚刚讲解的，我们不需要通过定义一个类来获取 getter 和 setter。

最后，Object.defineProperties 函数可以同时定义或更新多个属性。传递一个对象，该对象的键是属性名，其值是属性描述符。

```
Object.defineProperties(james, {
    id: { value: '007', writable: false, enumerable: true, configurable: false },
    age: { value: 42, writable: true, enumerable: true, configurable: true }
})
```

11.4 枚举属性

上一节介绍了如何定义一个或多个属性。

getOwnPropertyDescriptor/getOwnPropertyDescriptors 函数生成的属性描述符的格式与 defineProperty/defineProperties 函数的参数格式相同。例如：

```
Object.getOwnPropertyDescriptor(james, 'name')
```

生成描述符：

```
{
    value: 'James Bond',
    writable: true,
    enumerable: true,
    configurable: true
}
```

11.4 枚举属性

要获取所有描述符，可以调用：

```
Object.getOwnPropertyDescriptors(james)
```

结果是一个对象，其键是属性名，值是描述符：

```
{
    name:
    {
        value: 'James Bond',
         writable: true, enumerable: true, configurable: true
    },
    lastName:
    {
        get: [Function: get],
        set: [Function: set], enumerable: false, configurable: false
    }
    ...
}
```

该函数被称为get**Own**PropertyDescriptors，因为它只生成对象本身定义的属性，而不是从原型链继承的属性。

 提示：Object.getOwnPropertyDescriptors 对于"监视"对象非常有用，因为它列出了所有属性，包括那些不可枚举的属性，见练习题9。

如果不希望 Object.getOwnPropertyDescriptors 返回所有信息，那么可以调用 Object.getOwnPropertyNames(obj) 或 Object.getOwnPropertySymbols(obj) 获取所有字符串或符号值的属性键，无论是否可枚举，然后查找自己感兴趣的属性描述符。

最后，还有 Object.keys、Object.values 和 Object.entries 可以生成自己可枚举属性的名称、值和[name,value]这种键/值对的函数。这些与第 7 章中的 Map 类的 keys、values 和 entries 方法类似，但它们不是方法，它们会生成数组，而不是迭代器。

```
const obj = { name: 'Fred', age: 42 }
 Object.entries(obj) // [['name', 'Fred'], ['age', 42]]
```

我们可以用循环语句对属性进行迭代：

```
for (let [key, value] of Object.entries(obj))
  console.log(key, value)
```

11.5　测试单个属性

条件如下:

`stringOrSymbol in obj`

检查属性是否存在于对象或其原型链中。

为什么不能简单地检查 `obj[stringOrSymbol]!==undefined` 呢?对于值是 `undefined` 的属性,`in` 操作符的结果为 `true`。给定对象:

`const harry={name:'harry', partner: undefined}`

条件 `'partner' in harry` 为 `true`。

有时我们可能不想查看原型链。若要查明对象本身是否具有给定名称的属性,请调用:

`obj.hasOwnProperty(stringOrSymbol)`

要测试是否存在可枚举属性,请调用:

`obj.propertyIsEnumerable(stringOrSymbol)`

注意,使用这些方法有一个潜在的缺点——对象可以重写方法并隐藏属性。在这方面,使用 `in` 操作符和诸如 `Object.getOwnPropertyDescriptior` 的函数会更加安全。

11.6　保护对象

Object 类有 3 种方法用于防止对象被进一步扩展。

1. `Object.preventExtensions(obj)`:无法给对象添加属性,并且原型无法更改。
2. `Object.seal(obj)`:不能删除或配置属性。
3. `Object.freeze(obj)`:不能设置属性。

这 3 个函数返回被保护的对象。例如，可以像这样构造并冻结一个对象：

```
const frozen = Object.freeze({ ... })
```

注意，这些保护仅适用于严格模式。

即使冻结，也不能使对象完全不可变，因为属性值可能是可变的：

```
const fred = Object.freeze({ name: 'Fred', luckyNumbers: [17, 29] })
fred.luckyNumbers[0] = 13 // luckyNumbers 没有被冻结
```

如果需要完全的不变性，那么我们要递归地冻结所有依赖对象，参考练习题 8。

要确定对象是否已通过其中某个函数而受到保护，需要调用 `Object.isExtensible(obj)`、`Object.isSealed(obj)` 或 `Object.isFrozen(obj)`。

11.7　创建或更新对象

`Object.create` 函数能够让我们创建新对象、指定原型以及所有属性的名称和描述符：

```
 const obj = Object.create(proto, propertiesWithDescriptors)
```

其中，`propertiesWithDescriptors` 是一个对象，其键是属性名，值是描述符，如 11.4 节所示。

如果属性名和值在一个可迭代的键/值对数组中，则调用 `Object.fromEntries` 函数生成具有以下属性的对象：

```
let james = Object.fromEntries([['name', 'James Bond'], ['id', '007']])
```

调用 `Object.assign(target, source1, source2, ...)`，可以把源对象的所有可枚举属性复制到目标对象中，并返回一个更新后的目标对象：

```
james = Object.assign(james, { salary: 300000 }, genericSpy)
```

目前[1]不建议使用 `Object.assign`，我们只需使用扩展符就可以实现了。

```
{ ...james, salary: 300000, ...genericSpy }
```

---

[1] 译者注：在 ES6 之后。

11.8 访问和更新原型

我们知道，原型链是 JavaScript 编程中的一个关键概念。如果使用 class 和 extends 关键字，就可以用到原型链，本节将介绍如何手动管理它。

要获取对象的原型（即内部[[Prototype]]的值），需要调用：

`const proto = Object.getPrototypeOf(obj)`

例如：

`Object.getPrototypeOf('Fred')===String.prototype`

当使用 new 创建一个实例时，例如：

`const obj = new ClassName(args)`

`Object.getPrototypeOf(obj)`等价于 `ClassName.prototype`，但是我们可以通过如下方式设置任意对象的属性：

`Object.setPrototypeOf(obj,proto)`

在介绍 new 操作符之前，我们已经在第 4 章简单地介绍了这部分内容。

但是，对于 JavaScript 虚拟机来说，更改现有对象的原型是一项缓慢的操作，因为它们会推测性地假设对象原型不会更改。如果需要生成一个带有自定义原型的对象，最好使用 `Object.create` 方法，见 11.7 节。

如果 `proto` 在 `obj` 的原型链上，那么调用 `proto.isPrototypeOf(obj)`会返回 `true`，除非设置了一个特殊的原型：

`obj instanceof ClassName === ClassName.prototype.isPrototypeOf(obj).`

 备注：与所有其他的原型对象不同，`Array.prototype` 实际上是一个数组！

11.9 克隆对象

为了将前面几节的内容应用起来，下面我们开发一个可以对对象进行深度复制或"克隆"的函数。

通常，一种简单的方法是使用扩展运算符：

```
const cloned = {...original} //通常不是真正的克隆
```

但是，这样只会复制可枚举的属性，对原型没有任何作用。

我们可以复制原型和所有属性：

```
const cloned = Object.create(Object.getPrototypeOf(original),
Object.getOwnPropertyDescriptors(original)) // 好一些，但仍然是浅复制
```

现在克隆了具有与原始对象相同的原型和相同的属性，所有属性描述都被"忠实地"复制。

但这个复制还是浅复制，可变属性值并没有被克隆。要查看浅复制的问题，请考虑以下对象：

```
const original={radius:10, center:{x:20, y:30}}
```

`original.center` 和 `clone.center` 是同一个对象，如图 11-1 所示。变化 original 对象会导致 clone 对象也发生变化：

```
original.center.x=40 //clone.center.x 也已更改
```

纠正方法是递归地克隆所有值：

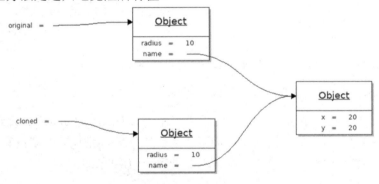

图 11-1 浅复制

```
const clone = obj => {
    if (typeof obj !== 'object' || Object.isFrozen(obj))
        return obj
    const props = Object.getOwnPropertyDescriptors(obj)
    let result = Object.create(Object.getPrototypeOf(obj), props)
    for (const prop in props)
        result[prop] = clone(obj[prop])
```

```
        return result
}
```

但是,当存在循环引用时,此版本会失败。

考虑两个彼此之间最好的"朋友"(见图 11-2)。

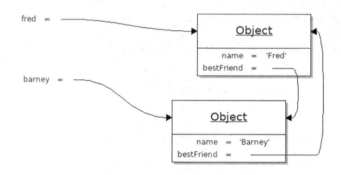

图 11-2 循环引用

```
const fred = { name: 'Fred' }
const barney = { name: 'Barney' }
fred.bestFriend = barney
barney.bestFriend = fred
```

现在假设我们递归地克隆 fred,结果是一个新的对象:

cloned={name:'Fred', bestFriend:clone(barney)}

clone(barney)做了什么?它生成了一个对象{name:'Barney',bestFriend: clone(fred)}。但这是不对的,我们陷入了无限递归的困境。即使没有这样做,我们也会得到一个结构错误的对象。我们期望一个对象如下:

cloned.bestFriend.bestFriend === cloned

我们需要改进递归克隆的过程。如果一个对象已经被克隆,那么不要再克隆它。相反地,请使用对现有克隆的引用,这可以通过从原始对象到克隆对象的映射来实现。当遇到一个未被克隆的对象时,请将对原始对象和克隆的引用添加到映射中。当对象已经被克隆后,只需查找克隆后的对象。

```
const clone = (obj, cloneRegistry = new Map()) => {
    if (typeof obj !== 'object' || Object.isFrozen(obj))
        return obj
```

```
    if (cloneRegistry.has(obj))
        return cloneRegistry.get(obj)
    const props = Object.getOwnPropertyDescriptors(obj)
    let result = Object.create(Object.getPrototypeOf(obj), props)
    cloneRegistry.set(obj, result)
    for (const prop in props)
        result[prop] = clone(obj[prop], cloneRegistry)
    return result
}
```

这是一个近乎完美的克隆函数，但是它不适用于数组。调用 clone（[1，2，3]）生成一个类似数组的对象，其原型为 Array.prototype，但它不是一个数组——Array.isArray 返回 false。

解决方法是，使用 Array.from 来复制数组，而不是 Object.create。以下是最终版本：

```
const clone = (obj, cloneRegistry = new Map()) => {
    if (typeof obj !== 'object' || Object.isFrozen(obj))
        return obj
    if (cloneRegistry.has(obj))
        return cloneRegistry.get(obj)
    const props = Object.getOwnPropertyDescriptors(obj)
    let result = Array.isArray(obj) ? Array.from(obj)
      : Object.create(Object.getPrototypeOf(obj), props)
    cloneRegistry.set(obj, result)
    for (const prop in props)
        result[prop] = clone(obj[prop], cloneRegistry)
    return result
}
```

11.10　函数属性

既然已经讨论了 Object 的方法，那么下面我们继续讨论函数对象。作为类函数实例的每个函数都有以下 3 个不可计算的属性。

- name：定义函数时使用的名称，或者对于匿名函数来说，是为函数赋值的变量的名称（见练习题 14）。

- length：参数的数量，不包括 rest 参数。
- prototype：用原型属性填充的对象。

回想一下，在经典 JavaScript 中，函数和构造函数之间没有区别。即使在严格模式下，每个函数也都可以用 new 调用。因此，每个函数都有一个 prototype 对象。

下面我们更仔细地看看函数的 prototype 对象。它没有可枚举属性，只有一个不可计数的属性 constructor 指向构造函数，见图 11-3。例如，假设我们定义了一个类 Employee。它的构造函数 Employee 和任何函数一样，都有一个 prototype 属性，并且：

Employee.prototype.constructor===Employee

任何对象都继承原型的 constructor 属性。因此，我们可以如下获取对象的类名：

obj.constructor.name

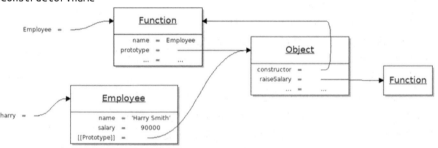

图 11-3　constructor 属性

> 备注：在构造函数中，有一个奇怪的表达式 new.target，用于获取对象所用的构造函数。我们可以使用这个表达式确定一个对象是否被构造为子类的实例，这可能有一些实用性，请参考练习题 11。我们还可以判断函数是否在没有使用 new 操作符的情况下被调用，举例如下。

new.target===undefined

11.11　绑定参数和调用方法

给定一个函数，bind 方法可以生成一个不同的函数，该函数已锁定初始参数：

11.11 绑定参数和调用方法

```
const multiply = (x, y) => x * y
const triple = multiply.bind(null, 3)
 triple(14) // 返回 42 或 multiply(3, 14)
```

因为 `multiply` 的一个参数被 `bind` 方法锁定,所以结果是生成了一个带有单个参数的函数 `triple`。

`bind` 方法的第一个参数是 `this` 参数的绑定。下面是一个例子:

```
const isPet=Array.prototype.includes.bind(['cat', 'dog', 'fish'])
```

可以使用 `bind` 将方法转换为函数:

```
button.onclick=this.handleClick.bind(this)
```

在这些情况下都不需要使用 `bind`。我们可以定义一个显式的函数:

```
const triple = y => multiply(3, y)
const isPet = x => ['cat', 'dog', 'fish'].includes(x)
button.onclick = (...args) => this.handleClick(...args)
```

`call` 方法类似于 `bind`,但是会提供所有参数,并调用函数或方法。例如:

```
let answer = multiply.call(null, 6, 7)
let uppercased = String.prototype.toUpperCase.call('Hello')
```

当然,调用 `multiply(6, 7)` 或 `'Hello'.toUpperCase()` 会简单得多。

但是,有一种情况下,直接函数调用是不起作用的。考虑下面这个例子:

```
const spacedOut=Array.prototype.join.call('Hello', '')   // 'Hello'
```

我们不能这样调用:

```
'Hello'.jon(' ')
```

因为 `join` 不是 `String` 类的方法。它是 `Array` 类的一个方法,正好可以处理字符串。

最后,`apply` 类似于 `call`,但除 `this` 之外的参数都在一个数组(或类似数组的对象)中:

```
String.prototype.substring.apply('Hello', [1, 4])   //'ell'
```

如果需要将存储在变量 `f` 中的任意函数应用于任意参数,那么使用表达式

f(...args)更简单,而不是f.apply(null, args)。但是如果变量f包含一个方法,那么我们别无选择,不能调用obj.f(...args),必须使用f.apply(obj, args)。

 备注:在JavaScript拥有super关键字之前,必须使用bind、call或apply来调用超类构造函数,请参考练习题16。

11.12 代理

代理(Proxy)是一个实体,在用户看来,它就像一个对象,但它能够拦截属性访问、原型访问和方法调用。当这些操作被拦截时,它们可以执行任意操作。

例如,ORM(对象关系映射器)可能支持方法名,例如:

const result=orm.findEmployeeById(42)

其中,Employee匹配了一张数据库表。如果没有匹配的表,那么这种方法会产生错误。

orm是一个代理对象,它拦截所有方法调用。当对一个名为find...ById的方法进行调用时,拦截代码从方法名中提取表名,并进行数据库查找。

这是一个很强大的概念,可以产生非常动态和强大的效果,如下。

- 自动记录属性访问或变更。
- 控制属性访问,如验证或保护敏感数据。
- 动态属性,例如DOM元素或数据库列。
- 像本地调用一样做远程调用。

要构造代理,需要提供以下两个对象。

- target是我们想要控制其操作的对象。
- handler是一个带有捕获函数(trap function)的对象,当代理被操纵时,这些函数会被调用。

有13种可能的捕获函数,如表11-3所示。

表11-3 捕获函数

函数	描述
get(target, key, receiver)	receiver[key], receiver.key
set(target, key, value, receiver)	receiver[key] = value, receiver.key = value

续表

函数	描述
deleteProperty(target, key)	删除 proxy[key], 删除 proxy.key
has(target, key)	关键目标
getPrototypeOf(target)	Object.getPrototypeOf(proxy)
setPrototypeOf(target, proto)	Object.setPrototypeOf(proxy, proto)
isExtensible(target)	Object.isExtensible(proxy)
preventExtensions(target)	Object.preventExtensions(proxy)
getOwnPropertyDescriptor(target, key)	Object.getOwnPropertyDescriptor(proxy, key), Object.keys(proxy)
ownKeys(target)	Object.keys(proxy), Object.getOwnProperty(Names/Symbols(proxy)
defineProperty(target, key, descriptor)	Object.defineProperty(proxy, key, descriptor)
apply(target, thisArg, args)	thisArg.proxy(...args), proxy(...args), proxy.apply(thisArg, args), proxy.call(thisArg, ...args)
construct(target, args, newTarget)	new proxy(args)或通过 super 进行调用

下面从一个简单的例子开始，在这个例子中，我们记录一个对象 obj 属性的读写，在此过程中设置了两个拦截函数。

```
const obj = { name: 'Harry Smith', salary: 100000 }
const logHandler = {
    get(target, key, receiver) {
        const result = target[key]
        console.log(`get ${key.toString()} as ${result}`)
        return result
    },
    set(target, key, value, receiver) {
        console.log(`set ${key.toString()} to ${value}`)
        target[key] = value
        return true
    }
}
const proxy = new Proxy(obj, logHandler)
```

在 get 和 set 函数中，target 参数是代理的目标对象。receiver 是访问的对象属性。这就是 proxy 对象，除非它在另一个对象的原型链中。

现在必须给我们想要监视的代码提供代理，而不是原始对象。

假设有人改变了薪水：

```
proxy.salary=200000
```

然后生成一条消息：

```
set salary to 200000
```

未被捕获的操作将传递给目标。在本例中，调用如下内容，将从目标对象中删除 salary 字段。

```
delete proxy.salary
```

JavaScript API 提供了一个有用的代理实现，允许我们将代理对象交给我们信任的代码，也可以随时撤销访问。

使用如下方式获得代理：

```
const target = ...
const p = Proxy.revocable(target, {})
```

Proxy.revocable 函数返回一个具有 proxy 属性的对象、被代理的对象和一个撤销对代理的所有访问的 revoke 方法。

将代理交给我们信任的代码，访问所有目标操作。

在如下调用后，代理上的所有操作都会引发异常。

```
p.revoke() //p.proxy 不再可用
```

我们需要提供一个用于拦截所有访问的处理程序。如果对默认行为满意，那么提供一个空对象即可。练习题 24 是一个不错的获取处理程序的示例。

11.13　Reflect 类

Reflect 类实现了表 11-3 中的 13 个捕获操作。

我们可以调用相应的 Reflect 函数，而不是手动实现它们的操作：

```
const logHandler = {
    get(target, key, receiver) {
        console.log(`get ${key.toString()}`)
        return Reflect.get(target, key, receiver)
```

```
        // Instead of return target[key]
    },
    set(target, key, value, receiver) {
        console.log(`set ${key.toString()}`)
        return Reflect.set(target, key, value, receiver)
        // Instead of target[key] = value; return true
    }
}
```

现在假设我们要记录所有可捕获的操作。注意,除函数名之外,每段处理程序函数的代码看起来都一样。我们不必编写许多几乎相同的处理函数,而可以编写另一个代理来捕获函数名的 getter:

```
const getHandler = {
    get(target, trapKey, receiver) {
        return (...args) => {
            console.log(`Trapping ${trapKey}`)
            return Reflect[trapKey](...args);
        }
    }
}
const logEverythingHandler = new Proxy({}, getHandler)
const proxy = new Proxy(obj, logEverythingHandler)
```

为了理解发生了什么,下面来看一个具体的场景。
1. 代理用户设置一个属性:

```
proxy.name = 'Fred'
```

2. 调用 logEverythingHandler 的对应方法:

```
logEverythingHandler.set(obj, 'name', 'Fred', proxy)
```

3. 要进行此调用,虚拟机必须找到 logEverythingHandler 的 set 方法。
4. 由于 logEverythingHandler 本身是一个代理,因此将调用该代理处理程序的 get 方法:

```
getHandler.get({}, 'set', logEverythingHandler)
```

5. 该调用返回一个函数作为 logEverythingHandler.set 的值:

```
(...args) => { console.log(`Trapping set`); return Reflect.set(...args) }
```

6. 现在，在步骤 2 中启动的函数调用可以继续。使用参数（`obj`,`'name'`,`'Fred'`, `proxy`）调用函数。

7. 输出控制台消息，然后调用：

`Reflect.set(obj, 'name', 'Fred', proxy)`

8. 这个调用导致 `obj.name` 被设置为"Fred"。

如果要将参数记录到捕获函数（包括目标函数和代理）中，必须非常小心地避免发生无限递归。方法之一是，保存一个按名称输出的已知对象的映射，而不是调用 `toString`，因为调用 `toString` 会导致进一步的捕获调用。

```
const knownObjects = new WeakMap()
const stringify = x => {
    if (knownObjects.has(x))
        return knownObjects.get(x) else
        return JSON.stringify(x)
}
const logEverything = (name, obj) => {
    knownObjects.set(obj, name)
    const getHandler = {
        get(target, trapKey, receiver) {
            return (...args) => {
                console.log(`Trapping ${trapKey}(${args.map(stringify)})`)
                return Reflect[trapKey](...args);
            }
        }
    }
 const result = new Proxy(obj, new Proxy({}, getHandler)) knownObjects.set(result,
`proxy of ${name}`)
    return result
}
```

我们可以调用：

```
const fred={name:'fred'}
const proxyOfFred=logEverything（'fred', fred）
proxyOffred.age=42
```

可以看到以下日志记录语句：

```
Trapping set(fred,age,42,proxy of fred)
Trapping getOwnPropertyDescriptor(fred,age)
Trapping defineProperty(fred,"age",{"value":42,
"writable":true,
"enumerable":true,
"configurable":true
})
```

Reflect 类是为了与代理一同使用而设计的，但是它的 3 个方法本身就很实用，因为它们比对应的经典方法更方便一些。

1. Reflect.deleteProperty 返回一个 boolean 值来判断删除是否成功，而 delete 操作符没有返回值。

2. Reflect.defineProperty 返回一个 boolean 来指示定义是否成功。Object.defineProperty 定义属性失败时引发异常。

3. Reflect.apply(f,thisArgs,args) 保证调用 Function.prototype.apply，但 f.appl(thisArg,args) 可能不会，因为 apply 属性可以被重新定义。

11.14　proxy不变量

当实现代理操作时，虚拟机会检查它们是否会产生无意义的值，举例如下。
- construct 必须返回一个对象。
- getOwnPropertyDescriptor 必须返回描述符对象或 undefined。
- getPrototypeOf 必须返回一个对象或 null。

此外，虚拟机对代理操作执行一致性检查。代理必须与其目标对象的描述保持一致，包括如下内容。
- 不可写的目标属性。
- 不可配置的目标属性。
- 不可扩展目标。

ECMAScript 规范描述了代理必须实现的"不变量"（invariant）。例如，对代理的 get 操作的描述包含以下要求，"如果目标对象属性是不可写、不可配置的自身数据属性，则属性的报告值（通过 get）必须与相应的目标对象属性的值相同"。

类似地，如果目标属性不可配置，则 has 无法隐藏它。如果目标不可扩展，那么 getPrototypeOf 操作必须生成实际的原型，has 和 getOwnPropertyDescriptor 必须报告实际属性。

当代理扩展现有对象而不添加其自身的任何属性时,这些不变量是有意义的。不幸的是,它们迫使我们在代理添加的属性上"撒谎"。考虑一个类似数组的对象,它存储了一系列值,比如 10~99 的整数。实际上我们不需要存储这些值,可以动态地计算它们,这就是代理擅长的。下面是一个创建此范围代理的函数:

```
const createRange = (start, end) => {
    const isIndex = key =>
        typeof key === 'string' && /^[0-9]+$/.test(key) && parseInt(key) < end - start
    return new Proxy({}, {
        get: (target, key, receiver) => {
            if (isIndex(key)) {
                return start + parseInt(key)
            } else {
                return Reflect.get(target, key, receiver)
            }
        }
    })
}
```

get 捕获根据需要生成范围值:

```
const range=createRange(10100)
console.log(range[10]) //20
```

但我们还不能迭代这些键:

```
console.log(Object.keys(range)) //[]
```

这并不奇怪。我们首先需要定义 ownKeys 捕获:

```
ownKeys: target => {
    const result = Reflect.ownKeys(target)
    for (let i = 0; i < end - start; i++)
        result.push(String(i))
    return result
}
```

不幸的是,即使在将 ownKeys 捕获添加到处理程序之后,Object.keys(range) 仍然会生成一个空数组。

要解决此问题，我们需要为索引属性提供属性描述符：

```
getOwnPropertyDescriptor: (target, key) => {
    if (isIndex(key)) {
        return {
            value: start + Number(key),
            writable: false,
            enumerable: true,
            configurable: true // Not what we actually want
        }
    }
    else {
        return Reflect.getOwnPropertyDescriptor(target, key)
    }
}
```

现在 `Object.keys` 生成包含 `'10'` 到 `'99'` 的数组。然而美中不足的是，索引属性必须是可配置的，否则不变规则就会生效。我们不能报告目标中不存在的不可配置属性（我们的目标是一个空对象）。实际上，我们并不希望索引属性是可配置的，但却无从下手。如果要禁止删除或重新配置索引属性，则需要提供额外的捕获（参考练习题 27）。

在代理中实现动态属性需要有足够的信心，尽可能只代理需要代理的属性。例如，范围代理应该具有 `length` 属性和 `toString` 方法。只需将它们添加到目标对象中，不要在捕获中处理它们（参考练习题 28）。

练习题

1. 在 11.2 节中，为什么类 `Percent` 的 `Symbol.toPrimitive` 的方法不能令人满意？尝试添加多个百分比值。为什么不能提供一个既适用于百分比算术，又适用于字符串连接的修复方式？

2. "glob 模式"是用于匹配文件名的模式。在最简单的形式中，`*` 匹配除 / 路径分隔符以外的任何字符序列，`?` 匹配单个字符。实现一个类 Glob，使用内置的 symbol，为字符串方法 `match`、`matchAll`、`replace`、`search` 和 `split` 启用 glob 模式。

3. 如表 11-1 所述，你可以通过确保 y 有 symbol 内置属性来更改 x

instanceof y 的行为。使其自然地 x instanceof Natural 检查 x 是否是大于 0 的整数，x instanceof Range（a，b）检查 x 是否是给定范围内的整数。我不是说这是一个好主意，但有趣的是，这是可以做到的。

4. 定义一个类 Person，以便对于它和任何子类，toString 方法返回[object Classname]。

5. 查看以下调用的输出并解释结果。

```
Object.getOwnPropertyDescriptors([1,2,3])
Object.getOwnPropertyDescriptors([1,2,3].constructor)
Object.getOwnPropertyDescriptors([1,2,3].prototype)
```

6. 假设通过调用 Object.seal(obj)来封装对象。在严格模式下，尝试设置不存在的属性来引发异常，但是你仍然可以读取不存在的属性而不会引发异常。编写函数 reallySeal，以便读取或写入返回对象上不存在的属性时会引发异常。提示：proxy。

7. 在搜索引擎中搜索一些与 JavaScript 对象克隆有关的文章、博客和 StackOverflow 的回答。其中有多少对象在共享可变状态和循环引用下正常工作？

8. 编写一个完全冻结一个对象并递归地冻结其所有属性值的函数，处理循环依赖关系。

9. 使用 Object.getOwnPropertyDescriptors 查找数组[1，2，3]的所有属性、数组函数和 Array.prototype。为什么三者都有长度属性？

10. 构造一个新的 string 对象作为 new string('Fred')，并将其原型设置为 Array.prototype。哪些方法可以成功应用于对象？先试试 map 和 reverse。

11. 在 11.10 节末尾的注释中介绍了 new.target 表达式，在使用 new 操作符构造对象时，这个函数将被作为构造函数。设计一个不能用 new 实例化的抽象类 Person 来利用这个特性，但是允许实例化具体的子类，比如 Employee。

12. 如何使用原型的 constructor 属性而不是前面练习的技术来强制抽象类？哪个更具有稳健性？

13. 如果一个函数不是通过 new 操作符来调用的，则表达式 new.target 为 undefined。在严格模式下，确定这种情况的更简单的方法是什么？

14. 研究函数的 name 属性，当用名称定义函数时，它被设置为什么？没有名字却分配给局部变量？作为参数传递或作为函数结果返回的匿名函数呢？箭头表达式呢？

15. 在 11.11 节中提到，对于不同类调用方法来说，call 是必需的。请为 bind 提供一个类似的示例。

16. 探讨 JavaScript 程序员如何在 extends 和 super 关键字之前实现继承。给定了一个构造函数：

```
function Employee(name, salary) { this.name = name
this.salary = salary
}
```

为 prototype 添加方法：

```
Employee.prototype.raiseSalary = function(percent) { this.salary *= 1 + percent / 100
}
```

现在实现一个 Manager 子类，不使用 extends 和 super 关键字。使用 Object.setPrototypeOf 设置 Manager.prototype 的原型。在 Manager 构造函数中，需要对现有的 this 对象调用 Employee 构造函数，而不是创建新的对象。使用 11.11 节中描述的 bind 方法。

17. 尝试解决前面的练习题，利用 Fritzi 设置：

```
Manager.prototype = Employee.prototype
```

而不是使用 Object.setPrototypeOf。这样会产生什么不理想的结果？

18. 正如 11.8 节末尾所述，Array.prototype 实际上是一个数组。请用 Array.isArray 验证为什么[] instanceof Array 为 false。如果将元素添加到 Array.prototype 数组中，会发生什么？

19. 使用 11.12 节中的日志代理来监视数组元素的读写。读写元素时会发生什么？length 属性呢？如果在控制台中通过键入代理对象的名称来检查代理对象，会发生什么？

20. 如果拼错了属性或方法的名称，是不是很让人恼火？请使用 proxy 实现自动更正。

21. 通过重写 Object、Array 或 String 的方法，可以更改对象、数组或字符串的行为。请实现一个不允许这样重写的 proxy。

22. 在表达式 obj.prop1.prop2.prop3 中，如果任意一个属性为 null 或 undefined，那么表达式将引发异常。我们用 proxy 来解决这个麻烦。首先，定义一个在查找任何属性时返回自身的安全对象。接着，定义一个函数，使 safe(obj)是 obj 的代理，这个代理在查找任何值为 null 或 undefinedd 的属性时都会返回一个安全的对象。如果能够将这个技术拓展给方法，那么

safe(obj).m1().m2().m3()在任何中间方法返回 null 或 undefined 都不会抛出异常。

23. 创建一个支持类似 XPath 的语法的 proxy 来查找 HTML 或 XML 文档中的元素。

```
const root = makeRootProxy(document)
const firstItemInSecondList = root.html.body.ul[2].li[1]
```

24. 如 11.12 节所述，制作一个可撤销的 proxy，使所有属性成为只读的，直到访问被完全撤销。

25. 在 11.14 节中，getOwnPropertyDescriptor 捕获返回可配置属性为 true 的索引属性的描述符。如果设置为 false，会怎么样？

26. 调试 11.14 节中的 ownKeys 捕获，方法是使用 11.13 节中的 logEverything 方法记录对 {} 目标的调用，同时将日志记录调用放入 getOwnPropertyDescriptor 捕获。通读 ECMAScript 2020 标准的 9.5.11 节，其实现是否遵循了标准的算法？

27. 在 11.14 节中为 range proxy 添加捕获，以防止删除或修改索引属性，同时添加 has 捕获。

28. 在 11.14 节中为 range proxy 添加 length 属性和 toString 方法，将其添加到 proxy 目标中，并且不要在捕获中提供特殊处理，提供适当的特性。

29. 11.14 节中的 range proxy 调用 createRange 函数进行实例化。使用构造函数，用户就可以调用 new Range(10, 100)，并获得一个看起来像是 Range 类的实例的 proxy 实例。

30. 继续前面的练习，使 Range 类继承 Array。一定要设置 Symbol.species 属性，如 11.2.3 节所述。

迭代器与生成器

本章内容

12.1 可迭代的数据类型 — 273
12.2 实现一个迭代器 — 275
12.3 可中断的迭代器 — 278
12.4 生成器 — 279
12.5 嵌套的 yield 表达式 — 281
12.6 将生成器函数作为消费者 — 283
12.7 生成器和异步处理 — 285
12.8 异步生成器和迭代器 — 287
练习题 — 290

第 12 章

本章将介绍如何实现可用于 `for of` 循环和数组扩展的迭代器。学会之后,我们将能够在自己的代码中使用迭代器。

实现迭代器可能有点乏味,但生成器大大简化了这项任务。生成器是一个可以产生多个值的函数,在每个值生成后挂起,在请求下一个值时继续。同时,生成器也能帮助我们解决"异步回调地狱"的问题。

12.1 可迭代的数据类型

在 JavaScript 中,最常见的迭代使用场景是 `for of` 循环。例如,数组是可迭代的:

```
for (const element of [1, 2, 7, 9])
```

以上代码迭代遍历了数组内的每个值。字符串也是可迭代的,以下代码迭代了字符串中的每个字符:

```
for (const ch of 'Hello')
```

除了以上所说的场景,以下列出的数据类型也都是可迭代的。

- 数组和字符串。
- ES6 中的集合和映射数据类型。

- 调用数组、集合以及映射原型链上的 keys、values 与 entries 返回的对象。
- 通过类似 document.querySelectorAll('div')这类 DOM 选择器方法返回的 DOM 列表结构。

通常来说，一个数据类型是否可迭代，主要取决于这个数据类型是否存在一个名为 Symbol.iterator 的方法，该方法返回一个迭代器对象：

```
const helloIter = 'Hello'[Symbol.iterator]()
```

每个迭代器对象都会有一个 next 方法，next 方法调用后会返回一个对象，这个对象会有如下两个属性。
- value：此次迭代返回的值。
- done：此次迭代是否完成。

```
helloIter.next() // 返回 { value: 'H', done: false }
helloIter.next() // 返回 { value: 'e', done: false }
...
helloIter.next() // 返回 { value: 'o', done: false }
helloIter.next() // 返回 { value: undefined, done: true }
```

在一个 for of 循环中：

```
for (const v of iterable)
```

迭代器对象会自动通过 iterable[Symbol.iterator]()来获取。next 方法会在每次循环中被触发，同时返回一个新的对象{ value: ..., done: ... }。只要 done 为 false，那么变量 v 就会被设置为对应的 value 属性；如果 done 为 true，那么此次 for of 循环会退出。

在 JavaScript 中，使用迭代器的场景如下。
- 如上所说的 for of 循环。
- 数组扩展：[...iterable]。
- 数组解构：[first, second, third] = iterable。
- Array.from(iterable)。
- 集合或映射中的构造函数：new Set(iterable)。
- 在后续章节中会讲解的 yield* 指令。
- 任何使用到 Symbol.iterable 方法构造返回的对象。

12.2 实现一个迭代器

本节会介绍如何实现一个可在 `for of` 循环中使用、可用于数组扩展的可迭代对象。

实践是检验真理的唯一标准。我们来实现一个可迭代 `Range` 类,这个类可以基于一段给定的范围,返回范围内的数据。

```
class Range {
  constructor(start, end) {
    this.start = start
    this.end = end
  }
  ...
}
```

这个类对应的实例可以用在 `for of` 循环中:

```
for (const element of new Range(10, 20))
  console.log(element) // 输出 10 11 ... 19
```

可迭代的对象一定要有一个名为 `Symbol.iterator` 的方法,因为这个方法名不是一个字符串常量,所以我们需要用中括号把它包裹起来:

```
class Range {
  ...[Symbol.iterator]() {
    ...
  }
}
```

这个方法需要返回一个拥有 `next` 方法的对象。我们再定义一个类来生成这类对象。

```
class RangeIterator {
  constructor(current, last) {
    this.current = current
    this.last = last
  }
  next() {
```

```
    ...
  }
}
class Range {
  ...[Symbol.iterator]() {
    return new RangeIterator(this.start, this.end)
  }
}
```

next 方法需要返回结构为{ value: ..., done: ... }的对象，比如：

```
next() {
  ...
  if (...) {
    return {
      value: some value,
      done: false
    }
  } else {
    return {
      value: undefined,
      done: true
    }
  }
}
```

也可以选择性地忽略 done: false 和 value: undefined 的场景。

在本例中：

```
class RangeIterator {
  ...
  next() {
    if (this.current < this.last) {
      const result = {
        value: this.current
      }
      this.current++
      return result
    } else {
```

```
      return {
        done: true
      }
    }
  }
}
```

这里显式地声明了两个类，可以看到，Symbol.iterator 方法返回了一个与 Range 类不同的带 next 方法的实例。

也可以选择不声明一个新的类，直接用对象字面量的方式返回对应的实例：

```
class Range {
  constructor(start, end) {
    this.start = start
    this.end = end
  }
  [Symbol.iterator]() {
    let current = this.start
    let last = this.end
    return {
      next() {
        if (current < last) {
          const result = {
            value: current
          }
          current++
          return result
        } else {
          return {
            done: true
          }
        }
      }
    }
  }
}
```

方法 Symbol.iterator 生成一个含有 next 方法的对象，该方法生成对象 { value: current } 和 { done: true }。

这种写法更方便，但在阅读时可能不易于理解。

12.3 可中断的迭代器

一个迭代器对象如果存在一个 return(!) 方法，那么它就是可中断的。这个返回方法会在迭代被提早结束时被调用。例如，假设有一个 lines 方法，当它被 lines(filename) 调用时，会返回一个迭代器，逐行遍历文件的内容。

```
const find = (filename, target) => {
    for (line of lines(filename)) {
        if (line.contains(target)) {
            return line // iterator.return() 被调用
        }
    } // iterator.return() 没有被调用
}
```

当循环被 return、throw、break 或带标签的 continue 语句退出循环时，迭代器的 return 方法会被调用。在本例中，当某行包含了指定的字符串时，迭代器的返回方法会被调用。

如果没有任何一行包含我们希望查找的字符串，那么这个 for of 循环就会正常返回，迭代器的 return 方法也不会被调用。

如果我们使用了一个迭代器，手动地调用了 next 方法，并且希望在收到 { done: true } 信号之前终止这个迭代过程，那么应该调用 iterator.return() 方法。

当然，在此之后就不要再调用这个迭代器的 next 方法了。

实现一个可中断迭代器的体验并不好，因为我们需要在两个地方分别实现一遍关闭逻辑：一个是上述的要单独实现的 return 方法，另一个是迭代器实现中检测到迭代结束的那个分支内。

下面是一个函数的实现框架，该函数生成文件行内容的可遍历对象。练习题 6 会要求我们补充细节。

```
const lines = filename => {
    const file = ... // 打开文件
```

```
    return {
        [Symbol.iterator]: () => ({
            next: () => {
                if (done) {
                    ... // 关闭文件同时返回 { done: true }
                } else {
                    const line = ... // 继续读取文件并迭代返回 { value: line }
                }
            },
            ['return']: () => {
                ... // 关闭文件
                return {
                    done: true
                } // 这里一定要返回这个对象
            }
        })
    }
}
```

12.4 生成器

前面的章节已经介绍了如何实现一个带有 next 方法的迭代器，该方法每次会返回一个值。迭代器的实现过程可能有点乏味。迭代器需要记住当前的状态，才能成功地应对下一次 next 调用，即使是一个简单的循环，通过迭代器来实现都不会很简单。

```
for (let i = start; i < end; i++) ...
```

在这种情况下，迭代器不能正常工作，因为所有的数据需要一次性全部返回，而不是按照迭代器要求的一次返回一个值。

然而，在一个生成器函数中，我们可以像这样做：

```
function* rangeGenerator(start, end) {
    for (let i = start; i < end; i++)
        yield i
}
```

yield 关键字会返回一个值,但它不会退出这个函数。每次通过 yield 返回值后,函数会暂时被挂起,直到下一次的值被主函数需要,再次通过 yield 表达式调用并返回另一个值。

符号*表示后面的函数是一个生成器函数。和常规的只返回一个结果的函数不同,一个生成器函数在每次被 yield 调用时都会返回一个结果。

当触发了一个生成器函数时,函数并不会立即执行,相反地,我们会得到一个迭代器对象:

```
const rangeIter = rangeGenerator(10, 20)
```

像其他迭代器一样,rangeIter 对象有一个 next 方法。当你第一次调用 next 方法,生成器函数体就会开始运行,直到遇到第一个 yield 表达式。然后,next 方法就会返回一个对象{ value: yielded value, done: false }。

```
let nextResult = rangeIter.next() // { value: 10, done: false }
```

在第一次调用后,每次 next 方法被触发,生成器函数就在上一次 yield 语句的位置开始执行,直到遇到下一次 yield 表达式:

```
nextResult = rangeIter.next() // { value: 11, done: false }
...
nextResult = rangeIter.next() // { value: 19, done: false }
```

当生成器函数结束时,next 方法会返回{ value: returned value, done: true }对象来标识迭代过程结束。

```
nextResult = rangeIter.next() // { value: undefined, done: true }
```

如果生成器函数抛出了一个异常,那么 next 方法也会抛出异常并结束。

> **备注**:JavaScript 语言约定,yield 调用是有限制的——我们只能在生成器函数内调用 yield,而不能在一个普通的函数内调用它。

生成器函数可以是一个具名函数或匿名函数:

```
function* myGenerator(...) { ... }
const myGenerator = function* (...) { ... }
```

如果一个对象属性或方法是一个生成器函数,那么在声明前要用*声明:

```
const myObject = {
    * myGenerator(...) {
```

```
            ...
        },
        ...
}
// myGenerator: function* (...) { ... }的语法糖
class MyClass {
    * myGenerator(...) {
        ...
    }...
}
```

箭头函数不能作为生成器函数。

我们可以把生成器函数的执行结果放在任何一个可接受迭代对象的位置，比如 for of 表达式、数组扩展等：

```
[...rangeGenerator(10, 15)] // 数组 [10, 11, 12, 13, 14]
```

12.5　嵌套的yield表达式

假设我们要迭代一个数组中的所有元素。数组本身就是一个天然的迭代器，但是我们还要再实现一个生成器。实现方法非常直接：

```
function* arrayGenerator(arr) {
    for (const element of arr)
        yield element
}
```

假设 arr 是一个[1, [2, 3, 4], 5]，这个数组有一个元素是一个数组，针对这种情况，我们该如何迭代呢？在本例中，我们需要把这个数组摊平，然后 yield 调用依次返回元素 1、2、3、4、5。首次尝试可能像这样：

```
function* flatArrayGenerator(arr) {
    for (const element of arr)
        if (Array.isArray(element)) {
            arrayGenerator(element) // 错误的情况下不返回任何元素
        } else {
            yield element
        }
}
```

然而，这种方式并没有效果。arrayGenerator(element)调用不会执行 arrayGenerator 的生成器函数体，只是获取并忽略了这个构造器对象。const result = [...flatArrayGenerator([1, [2, 3, 4], 5])]这个调用只会将result设置为数组[1, 5]。

如果要在生成器函数中获取一个生成器函数的所有结果，那么需要使用一个yield*语句：

```
function* flatArrayGenerator(arr) {
    for (const element of arr)
        if (Array.isArray(element)) {
            yield* arrayGenerator(element) // 一次返回一个值
        } else {
            yield element
        }
}
```

现在const result = [...flatArrayGenerator([1, [2, 3, 4], 5])]这个函数调用返回的结果为[1, 2, 3, 4, 5]。

然而，如果数组是被多层嵌套的，那么结果还是不正确的，flatArrayGenerator([1, [2, [3, 4], 5], 6]) 返回了 1, 2, [3, 4], 5, 6。

对应的修整方法是递归地调用生成器函数 flatArrayGenerator：

```
function* flatArrayGenerator(arr) {
    for (const element of arr)
        if (Array.isArray(element)) {
            yield* flatArrayGenerator(element)
        } else {
            yield element
        }
}
```

这个例子的重点在于，yield*语句克服了 JavaScript 生成器函数的一个限制。之前每个 yield*声明都需要在生成器函数内部，它不能用在一个被生成器函数调用的普通函数体内。yield*语句负责一个生成器函数调用另一个生成器函数的情况，并将被调用的生成器函数生成的值拼接起来。

yield*语句也可以拼接迭代器对象，每次 next 调用生成一个值。这意味着我们可以简单地将 arrayGenerator 定义为：

```
function* arrayGenerator(arr) {
    yield* arr
}
```

> 📘 **备注**：一个生成器函数在结束时可以在原先的返回基础上额外返回一个值。

```
function* arrayGenerator(arr) {
    for (const element of arr)
        yield element
    return arr.length
}
```

这个函数值会包含在最后一次迭代的结果内。当我们正常地递归所有的 yield 值时，返回值会被忽略，但我们可以通过 yield*表达式获取这个值：

```
function* elementsFollowedByLength(arr) {
    const len = yield* arrayGenerator(arr);
    yield len;
}
```

12.6　将生成器函数作为消费者

到目前为止，我们用生成器函数可以生成一系列值。同时，生成器还可以消费值。当我们带着参数调用 next 方法时，这个值就会变成 yield 表达式的值。

```
function* sumGenerator() {
    let sum = 0
    while (true) {
        let nextValue = yield sum
        sum += nextValue
    }
}
```

现在，这个求和表达式的结果被存储在迭代器的返回对象中，其中有两个方向的数据传输。

- 生成器函数接收 next 方法调用传递进来的参数,并累加它们。
- 生成器函数返回当前的合计值,并返回给调用它的函数。

注意:我们需要一个初始化的 next 调用使函数运行到第一个 yield 语句,然后才可以用生成器函数所使用的值调用 next 方法。

当调用名为 return 的方法时,生成器函数会被关闭,后续的 next 调用都会返回{ value: undefined, done: true }。

下面是一个完整的构造器调用场景:

```
const accum = sumGenerator()
accum.next() // 运行到第一个 next 调用的位置
let result = accum.next(3) // 返回 { value: 3, done: false }
result = accum.next(4) // 返回 { value: 7, done: false }
result = accum.next(5) // 返回 { value: 12, done: false }
accum.return() // 关闭并返回 { value: undefined, done: true }
```

在迭代器对象上调用 throw(error)方法会使这个错误在 yield 表达式上被抛出。如果生成器函数捕获了这个错误,并且继续执行到下一个 yield 或 return 语句,那么这个 throw 方法会返回一个正常的迭代器对象。如果生成器函数因为错误没有被捕获导致结束,或者生成器函数自身就抛出了错误,那么 throw 方法会抛出这个错误。

换句话说,throw 就像 next,只不过它会使 yield 表达式抛出错误,而不是产生一个值。

为了演示 throw 的处理,下面来看这个累加生成器的一个变式:

```
function* sumGenerator() {
    let sum = 0
    while (true) {
        try {
            let nextValue = yield sum;
            sum += nextValue
        } catch {
            sum = 0
        }
    }
}
```

调用 throw 时，重置累加值：

```
const accum = sumGenerator()
accum.next() // 跳转到第一个 yield
let result = accum.next(3)
result = accum.next(4)
result = accum.next(5)
accum.throw() // 返回 { value: 0, done; false }
```

如果我们在第一个 yield 表达式到达之前调用了 throw，那么生成器会被关闭，并且会抛出错误。

12.7　生成器和异步处理

读了前面的章节，有的读者可能会有疑问：为什么我需要使用生成器做累加？我们明明有更简单的方法来计算和值。简单的累加场景确实不适合用生成器来实现，但如果在异步场景下，生成器就会变得非常有趣。

当我们从一个网页中获取数据时，获取到的数据不是同步的。就像第 9 章中所说的，JavaScript 程序是单线程执行的。如果在这个线程中等待某件事情，那么这个程序也就不能做其他事情了。因此，网页请求都是异步的，当请求数据可用时，我们会收到一个回调。例如，假设我们要通过 web 浏览器（但不是 Node.js）中可用的 XHLHttpRequest 类获取一个真随机数：

```
const url = 'https://www.random.org/integers/?num=1&min=1&max=1000000000\
&col=1&base=10&format=plain&rnd=new'
const req = new XMLHttpRequest();
req.open('GET', url)
req.addEventListener('load', () => console.log(req.response)) // 回调
req.send()
```

我们把这些内容放到一个函数中，这个函数有一个 handler 的函数参数，它会在获取到随机数时被触发：

```
const trueRandom = handler => {
    const url = 'https://www.random.org/integers/?num=1&min=1&max=1000000000\
&col=1&base=10&format=plain&rnd=new'
    const req = new XMLHttpRequest();
```

```
req.open('GET', url)
req.addEventListener('load', () => handler(parseInt(req.response)))
req.send()
}
```

现在我们可以很简单地获取一个随机整数：

```
trueRandom(receivedValue => console.log(receivedValue))
```

但是如果要增加 3 个类似的随机数，那么我们需要发起 3 个请求，并在获取到所有数据后计算这些数的和值。下面是一个反例：

```
trueRandom(first =>
    trueRandom(second =>
        trueRandom(third => console.log(first + second + third))
    )
)
```

利用第 9 章介绍的内容，我们可以使用 promise 和 async/await 预发来解决如上问题。Promise 实际上是基于生成器而产生的。在本章中，我们用一个简单的例子来说明生成器如何处理异步过程。

下面使用生成器来演示批量异步调用，我们简单地定义一个生成器函数 nextTrueRandom 来产生随机数。以下是生成器的实现：

```
function* main() {
    const first = yield nextTrueRandom();
    const second = yield nextTrueRandom();
    const third = yield nextTrueRandom();
    console.log(first + second + third)
}
```

调用这个生成器函数，生成迭代对象：

```
const iter = main()
```

这个迭代器就是后续会传输值并计算和值的那个对象：

```
const nextTrueRandom = () => {
    trueRandom(receivedValue => iter.next(receivedValue))
}
```

启动这个迭代器：

```
iter.next() // 让函数运行到第一个 yield
```

现在 main 函数已经开始执行了。它调用 nextTrueRandom 并挂起在 yield 表达式中，直到下一次 next 调用。

异步数据可用时就会调用 next，这时生成器函数开始变得有趣了。它允许我们挂起一个计算过程并在数据可用时继续。最后，我们获取到了数据并且 nextTrueRandom 函数调用了 iter.next(receivedValue)，这个值被暂存在 first 中。

在第二个 yield 表达式执行后函数再次被挂起，如此往复。最后，我们获取到 3 个数据并计算了它们的和值。

在生成器函数被加入 ES7 之后，它在短时间内被作为异步回调地狱的一个解决方案。然而，就像我们看到的，生成器的初始化并不是那么直观的。使用 promise 和 async/await 语法更加简单。可消费数据的生成器函数是一个通往 promise 的里程碑，但是它们并没有被广大开发者使用。

12.8 异步生成器和迭代器

一个生成器函数可以产出多个值，我们可以通过迭代器来获取。每次调用 iter.next()，生成器就会一直运行，直到遇到第一个 yield 语句后挂起。

异步生成器和普通的异步函数类似，但是我们可以在函数体内使用 await 操作符。从原理上讲，异步生成器会产生一系列未来可能获取到的值。

为了声明一个异步生成器，我们要同时使用 async 关键字和*：

```
async function* loadHanafudaImages(month) {
    for (let i = 1; i <= 4; i++) {
        const img = await loadImage(`hanafuda/${month}-${i}.png`)
        yield img
    }
}
```

当调用一个异步生成器时，我们会获得一个迭代器。然而，当调用这个迭代器的 next 方法时，下一步的值可能还没有就绪，它可能并不知道这个迭代是否还要继续，因此 next 方法会返回类似{ value: ..., done: ... }的对象。

当然，我们也可以从迭代器中检索返回的值，练习题 16 中会呈现它冗长的实现过程。我们使用一个特定格式的循环来简化这个流程：

```
for await (const img of loadHanafudaImages(month)) {
    imgdiv.appendChild(img)
}
```

for await of 循环必须要运行在一个 async 的函数内，因为它对每个 promise 使用了 await 操作符。

如果任何一个 promise 被拒绝（rejected），for await of 循环会抛出一个异常，接着这个迭代就会中止。

for await of 循环可以对任何异步迭代对象使用。一个异步的迭代对象需要有一个属性，并且这个属性的名字需要是 Symbol.asyncIterator，它的值要是一个可以产生异步迭代器的函数。异步迭代器需要有一个 next 方法，它会返回一个 promise，promise 的值是 { value: ..., done: ... } 对象。异步生成器是处理异步迭代过程最方便的方式，在练习题 17 中可以实现它。

 注意：异步迭代对象不是迭代对象。它们不能在 for of 循环、参数扩展或解构内使用。例如，我们不能这样做。

```
const results = [...loadHanafudaImages(month)] // 错误，不是一个 promises 数组
for (const p of loadHanafudaImages(month)) p.then(imgdiv.appendChild(img))
// 错误，不是 promise 的循环
```

 备注：另一方面，普通可迭代对象可以在 for await of 循环中使用，效果和 for of 循环一样。

下面这个例子描述了一个异步迭代器如何异步地产生一系列数字：

```
class TimedRange {
    constructor(start, end, delay) {
        this.start = start this.end = end this.delay = delay
    }
    async *[Symbol.asyncIterator]() {
        for (let current = this.start; current < this.end; current++) {
            yield await produceAfterDelay(current, this.delay)
        }
    }
```

}

由于使用了 `await` 和 `yield` 语法，以上针对迭代器函数的实现非常简单。我们要做的就是等待数据可用时，将它通过 `yield` 传输出去即可。

我们可以在一个 `for await of` 循环中使用结果：

```
let r = new TimedRange(1, 10, 1000)
for await (const e of r) console.log(e)
```

下面用一个更具实用性的例子来总结本章。很多 API 会有一个页面参数来获取特定页码上的数据，例如：

https://chroniclingamerica.loc.gov/search/titles/results/ ?terms=michigan&format=json&**page=5**

利用如下语句逐页遍历所有的结果：

```
async function* loadResults(url) {
    let page = 0
    try {
        while (true) {
            page++
            const response = await fetch(`${url}&page=${page}`)
            yield await response.json()
        }
    } catch {
        // 结束迭代
    }
}
```

如果我们在一个 `for async of` 循环内调用了一个生成器函数，需要遍历所有响应结果。我们可以在一个 `async` 函数内实现以上遍历的动作，而不需要一个生成器函数。

然而，可能有的人需要使用生成器函数作为其他函数的一部分。通常来说，一个 API 使用了分页参数是因为它认为客户端会在获取到满意的结果后停止查询。以下代码演示了如何实现上述的搜索过程：

```
const findResult = async (queryURL, callback) => {
    for await (const result of loadResults(queryURL)) {
        if (callback(result)) return result
```

```
        }
        return undefined
}
```

我们需要注意两件事,首先,findResult 是一个 async 函数而不是生成器函数。将最复杂的计算部分放到 async 生成器中,它可以被任何 async 函数使用。更重要的是,分页的结果是懒加载的。一旦找到符合要求的结果,findResult 就会退出,结束这个生成过程,并停止搜索过多的分页信息。

练习题

1. 实现一个函数,该函数可以接收一个可迭代的变量,并输出迭代的每个元素。
2. 实现一个函数,该函数可以接收一个可迭代的变量,并返回另一个可迭代的变量,该变量可以继续迭代生成剩余的元素。
3. 实现一个可以返回 1~6 之间任意正整数的随机迭代器,并将该实现控制在一行内:

```
const dieTosses = { ... }
```

4. 实现一个函数 dieTosses(n),该函数会返回一个可迭代的变量,该可迭代变量会返回 1~6 之间的随机值。
5. 以下对 Range 迭代器的实现有什么问题?

```
class Range {
  constructor(start, end) {
    this.start = start
    this.end = end
  }
  [Symbol.iterator]() {
    let current = this.start
    return {
      next() {
        current++
        return current <= this.end ? {
          value: current - 1
        } : {
```

```
        done: true
      }
    }
  }
}
```

6. 使用 Node.js fs 模块提供的 openSync、readSync 以及 closeSync 方法，实现 12.3 节中提到的文件迭代器。注意，需要在 next 和 return 函数中关闭文件流，但可以通过在 next 方法中调用 return 方法来实现代码复用。

7. 更改 12.5 节中 arrayGenerator 函数的实现，使数组中字符串的每个字母可以单独被返回。

8. 在上一题的基础上继续完善，使任意可迭代的数组元素都可以再次被迭代并返回值。

9. 使用生成器函数生成一个树迭代器，该迭代器每次会访问这个树的一个节点。对 DOM API 比较熟悉的读者可以使用 DOM 元素。否则，请实现一个树类。

10. 使用一个构造器函数和 Heap 算法（见维基百科中的词条介绍）生成一个迭代器，该迭代器可以返回一个数组的所有排列组合。例如，如果一个数组的值是[1, 2, 3]，那么迭代器需要能够产出[1, 2, 3]、[1, 3, 2]、[2, 3, 1]、[2, 1, 3]、[3, 1, 2]和[3, 2, 1]（可以不遵循该顺序）。

11. 如何让一个生成器对象的 return 方法返回一个值呢？有这样的场景吗？

12. 在 12.6 节中，可接受变量的生成器列举了一些在函数体内调用 throw 的场景。请设计一个表格，总结每个场景以及预期的行为，同时提供一个简短的代码片段对每个场景给出对应说明。

13. 实现一个 trueRandomSum(n, handler)函数，该函数会计算 n 个随机数的总和，并传递给 handler 这个回调函数。

14. 实现上一题的要求，但不使用生成器函数。

15. 假设我们有一个 async 函数：

```
const putTwoImages = async (url1, url2, element) => {
  const img1 = await loadImage(url1)
  element.appendChild(img1)
  const img2 = await loadImage(url2)
  element.appendChild(img2)
```

```
    return element
}
```

然后我们让一个生成器函数返回 promise：

```
function* putTwoImagesGen(url1, url2, element) {
  const img1 = yield loadImage(url1)
  element.appendChild(img1)
  const img2 = yield loadImage(url2)
  element.appendChild(img2)
  return element
}
```

这其实就是 JavaScript 的编译器对所有 async 函数做转义。请填空，实现函数 genToPromise，该函数可以接受任意可产生 promise 的生成器函数，并将其转化为一个 promise。

```
const genToPromise = gen => {
  const iter = gen()
  const nextPromise = arg => {
    const result = ___
    if (result.done) {
      return Promise.resolve(___)
    } else {
      return Promise.resolve(___).then(___)
    }
  }
  return nextPromise()
}
```

16. 使用 12.8 节中提到的 loadHanafudaImages 生成器函数返回的迭代器，将所有图片放入一个 DOM 元素中。注意，不要使用 for await of 循环。

17. 实现 12.8 节中提到的 TimeRange 类，生成一个返回 promise 的迭代器，但不使用生成器函数。

18. 在 for await of 循环内使用 Promise.all 是一个常见的用法。假设我们有一个图片 URL 数组，将它们转化为一个 promise 数组：

```
const imgPromises = urls.map(loadImage)
```

使它们可以并行加载，全部返回后对结果进行轮询。在以下 4 个循环中，哪一个可以正常运行不报错？我们应该使用哪一个？

```
for (const img of Promise.all(imgPromises)) element.appendChild(img)
for await (const img of Promise.all(imgPromises)) element.appendChild(img)
for (const img of await Promise.all(imgPromises)) element.appendChild(img)
for await (const img of await Promise.all(imgPromises)) element.appendChild(img)
```

19．在以下的循环中，哪些循环可以正常运行不报错？对于那些可以正常运行的循环，它们的行为和上一个练习中的有什么不同？

```
for (const p of urls.map(loadImage))
    p.then(img => element.appendChild(img))
for (const p of urls.map(async url => await loadImage(url)))
    element.appendChild(await p)
for await (const img of urls.map(url => await loadImage(url)))
    element.appendChild(img)
for (const img of await urls.map(loadImage))
    element.appendChild(img)
for await (const img of await urls.map(loadImage))
    element.appendChild(img)
```

20．有些 API（就像 GitHub API 中描述的[1]）会返回一个带分页信息的结果，这个结果与 12.8 节中讨论的会有些许不同。每个返回值的 Link 头会包含一个用于获取下一页的 URL，我们可以这样获得它：

```
let nextURL = response.headers.get('Link').match(/<(?<next>.*?)>;
rel="next"/).groups.next;
```

修改 loadResults 生成器函数，使它可以适配这种返回。
如果你能揭开正则表达式的神秘面纱，那么会额外加分。

---

[1] 网址详见本书电子资源文档。

TypeScript

本章内容

13.1 类型注解 — 298
13.2 运行 TypeScript — 299
13.3 类型术语 — 301
13.4 基本类型 — 302
13.5 联合类型 — 303
13.6 类型推断 — 305
13.7 子类型 — 309
13.8 类 — 313
13.9 结构类型 — 317
13.10 接口 — 318
🐱 13.11 索引属性 — 320
🐱 13.12 复杂函数参数 — 321
🐱 13.13 泛型编程 — 328
练习题 — 336

第13章

TypeScript 是 JavaScript 的超集，它添加了编译时类型。我们需要为变量和方法标注期望的类型，当代码违反类型规则时，TypeScript 会报告一个错误。总的来说，这是一件好事。修复编译时错误的代价比调试行为诡异的程序要低得多。此外，当我们提供类型信息后，开发工具就可以在自动完成和重构方面给我们提供更好的支持。

本章简要介绍了 TypeScript 的主要特点。与本书的其余部分一样，我会将重点放在现代特性上，顺便提到一些遗留结构。本章的目的是给读者提供足够的信息，以便于读者决定是否在 JavaScript 上使用 TypeScript。

为什么不是每个人都想使用 TypeScript 呢？ECMAScript 是由许多公司组成的标准委员会管理的，与 ECMAScript 不同的是，TypeScript 是由一个厂商——微软生产的。不同于 ECMAScript 的标准文档针对正确行为多到令人发指的细节描述，TypeScript 文档是粗略和不确定的。TypeScript —— 就像 JavaScript 一样 —— 有时是混乱和不一致的，带给我们另一种潜在的麻烦和困惑。TypeScript 的发展节奏与 ECMAScript 并不一致，所以还会有一些变动的部分。最后，我们的工具链中还有一些部分甚至可能出错。

这需要我们必须会权衡利弊。本章会尽量给读者提供一些 TypeScript 的范本，帮助读者做出明智的决定。

第 13 章 TypeScript

> 提示：如果在读完本章后，你觉得自己需要静态类型检查，但又并不想使用 TypeScript，请参考 Flow[1]，看看你是否喜欢它的类型系统、语法和工具。

13.1 类型注解

考虑用以下 JavaScript 函数计算两个数字的平均值：

```
const average = (x, y) => (x + y) / 2
```

当以如下参数调用时，会发生什么？

```
const result = average('3', '4')
```

其中，`'3'` 和 `'4'` 被合并成 `'34'`，然后将其转换为数字 34，接着除以 2，得到 17。这肯定不是我们想要的结果。

在这种情况下，JavaScript 不提供错误消息。程序默默地计算错误的结果并继续运行。十有八九，其他地方最终会出现问题。

在 TypeScript 中，我们像这样注解参数：

```
const average = (x: number, y: number) => (x + y) / 2
```

现在一切就很清楚了，`average` 函数是用来计算两个数字的平均值的。如果进行如下调用，那么 TypeScript 编译器会报错：

```
const result = average('3', '4') // TypeScript: Compile-time error
```

这就是 TypeScript 的承诺：我们提供类型注释，TypeScript 在程序运行前检测类型错误。因此，在调试器上花费的时间要少得多。

在本例中，注释过程非常简单。下面考虑一个更复杂的例子。假设我们希望允许参数是一个数字或一个由数字组成的数组。在 TypeScript 中，可以用一个联合类型 `number | number[]` 来表示。如果我们想用另一个值替换一个目标值或多个目标值：

```
const replace = (arr: number[], target: number | number[], replacement: number) => {
  for (let i = 0; i < arr.length; i++) {
```

---

[1] 网址详见本书电子资源文档。

```
    if ((Array.isArray(target) && target.includes(arr[i])) ||
(!Array.isArray(target) && target === arr[i])) {
      arr[i] = replacement;
    }
  }
};
```

此时，TypeScript 可以检查调用是否正确：

```
const a = [11, 12, 13, 14, 15, 16]
replace(a, 13, 0) // 正确
replace(a, [13, 14], 0) // 正确
replace(a, 13, 14, 0) // 错误
```

注意：TypeScript 知道 JavaScript 库方法的类型，但在我写作本书时，在线运行工具会出现不能识别数组类的 `includes` 方法的错误。希望你读到这本书时，这个问题能得到解决。如果没有，可以将 `target.includes(arr[i])` 替换为 `target.indexOf(arr[i]) >= 0`。

备注：这些例子中使用了箭头函数。箭头函数注释的工作方式与 `function` 关键字的完全相同。

```
function average(x: number, y: number) { return (x + y) / 2 }
```

为了有效地使用 TypeScript，我们需要学习如何在 TypeScript 语法中表示类型，如"类型 T 的数组"和"类型 T 或类型 U"。在大多数常见的情况下，这些内容都很简单。然而，类型描述可能会变得相当复杂，并且在某些情况下我们需要干预类型检查过程。所有现实中的类型系统都是如此，为此，我们可能需要花费点功夫才能得到编译时错误检查的收益。

13.2　运行TypeScript

到 TypeScript 的网站[1]中简单体验一下吧。如图 13-1 所示，输入代码并运行即可。将鼠标移到任意值上，其类型就会显示出来，错误会用波浪线标示出来。

---

[1] 网址详见本书电子资源文档。

第 13 章 TypeScript

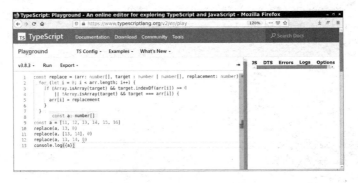

图 13-1　TypeScript 体验

Visual Studio Code[1]完美地支持 TypeScript，其他编辑器也集成了 TypeScript 开发环境。

要在命令行上使用 TypeScript，需要先使用 npm 包管理器进行安装，下面是全局安装的命令：

```
npm install -g typescript
```

在本章中，我将始终假设 TypeScript 是在严格模式下操作的，且对标 ECMAScript 的最新版本。与普通 JavaScript 类似，TypeScript 的严格模式禁止"草率"地遗留行为。要激活这些设置，需要在项目目录下创建一个 tsconfig.json 文件：

```
{
  "compilerOptions": {
    "target": "ES2020",
    "strict": true,
    "sourceMap": true
  },
  "filesGlob": [
    "*.ts"
  ]
}
```

如果要把 TypeScript 文件编译为 JavaScript 文件，可以在包含 TypeScript 文件和 tsconfig.json 的目录中执行：

---

[1] 网址详见本书电子资源文档。

```
tsc
```

每个 TypeScript 文件都会被翻译为 JavaScript。我们可以使用 `node` 运行生成的文件。

要启动 REPL，可以在包含 `tsconfig.json` 的目录中执行：

```
ts-node
```

或在任意目录中执行：

```
ts-node-0 '{ "target": "es2020", "strict": true }'
```

13.3 类型术语

下面我们回过头来考虑类型。一个类型（type）描述一组有共同类型的值。在 TypeScript 中，`number` 类型由所有 JavaScript 数字组成：常规数字，如 `0`、`3.141592653589793`，还有 `Infinity`、`-Infinity` 和 `NaN`。所有这些值都是 `number` 类型的实例，然而 `'one'` 却不是。

我们知道，类型 `number[]` 表示数字数组。`[0, 3.141592653589793, NaN]` 是 `number[]` 类型的实例，但 `[0, 'one']` 不是。

像 `number[]` 这样的类型称为复合（composite）类型，可以形成任何类型的数组，如 `number[]`、`string[]` 等。联合类型是复合类型的另一个示例。如下联合类型是两种简单类型的组合：`number` 和 `number[]`。

```
number | number[]
```

相对而言，不是由较简单类型组成的类型为基本类型（primitive）。TypeScript 有基本类型 `number`、`string`、`boolean`，以及在下一节中我们会遇到的其他一些类型。

复合类型可能会变得复杂。我们可以使用类型别名（type alias）让它们更容易读取和复用。如果希望编写接受单个数字或数组的函数，可以简单地定义一个类型别名：

```
type Numbers = number | number[]
```

我们可以把别名当作类型的快捷方式使用：

```
const replace = (arr: number[], target: Numbers, replacement: number) => ...
```

 备注：typeof 操作符将生成一个变量或属性的值。我们可以使用该类型声明另一个相同类型的变量。

```
let value = [1,7,2,9]
let moreValues: typeof values = []
// typeof values 与 number[] 相同
let anotherElement: typeof values[0] = 42
// typeof values[0] 与 number 相同
```

13.4 基本类型

JavaScript 的基本类型同样是 TypeScript 的基本类型。也就是说，TypeScript 的基本类型有 number、boolean、string、symbol、null 和 undefined。

undefined 类型有唯一的实例——undefined 值。类似地，null 值是 null 类型的唯一实例。这些类型一般不会单独使用，但是它们在联合类型中非常有用。如下类型的实例既可以是 string，也可以是 undefined：

```
string | undefined
```

void 类型只能用作函数的返回类型，表示函数不返回值（参考练习题 2）。

never 类型表示一个函数永远不会返回，因为它总是抛出异常。由于我们一般不会写这样的函数，因此很少使用 never 进行类型注释。13.13.6 节中有 never 类型的另一个应用。

unknown 类型表示任意 JavaScript 值。我们可以将任何值转换为 unknown，但是 unknown 的值不与任何其他类型兼容。unknown 通常用在注释类似 console.log 的通用函数参数或 JavaScript 的接口代码中。还有一种更松散的类型 any，它可以和任何类型进行转换。但是我们应该尽量少用 any，因为它会跳过类型检查。

字面量值表示一种具备相同值的单个实例的类型。例如，字符串字面量 'Mon' 是一个 TypeScript 类型。这个类型只有一个值——字符串 'Mon'，这种类型更多地被用在联合类型中，例如：

```
'Mon' | 'Tue' | 'Wed' | 'Thu' | 'Fri' | 'Sat' | 'Sun'
```

这是一个具有 7 个实例的类型——工作日的名称。

这样的类型通常会结合类型别名共同使用：

```
type Weekday = 'Mon' | 'Tue' | 'Wed' | 'Thu' | 'Fri' | 'Sat' | 'Sun'
```

我们可以注释一个变量为 `Weekday`：

```
let w: Weekday = 'Mon' // 正确
w = 'Mo' // 错误
```

像 `Weekday` 这样由有限值组成的类型，它的值可以是任意字面量，诸如：

```
type Falsish = false | 0 | 0n | null | undefined | '' | []
```

 备注：如果希望常量具有更合适的名称，可以使用 TypeScript 定义枚举类型。这里有一个简单的例子。

```
enum Weekday { MON, TUE, WED, THU, FRI, SAT, SUN }
```

我们可以引用这些常量：`Weekday.MON`、`Weekday.TUE`。它们的值等于数字 0、1、2、3、4、5 和 6。也可以给枚举属性赋值：

```
enum Color { RED = 4, GREEN = 2, BLUE = 1 }
```

或者赋予其字符串属性值：

```
enum Quarter { Q1 = 'Winter', Q2 = 'Spring', Q3 = 'Summer', Q4 = 'Fall' }
```

13.5 联合类型

TypeScript 提供了几种由简单类型构建复杂类型的方法，本节将介绍这些方法。

给定任意类型的数组：

```
number[]     // 由数字组成的数组
string[]     // 由字符串组成的数组
number[][]   // 由数字数组组成的数组
```

这些类型描述的数组元素都具有相同的类型。例如，`number[]` 数组只能存储数字，而不能存储数字和字符串的混合元素。

当然，JavaScript 程序员经常使用混合类型的数组，比如 [404, 'not found']。在 TypeScript 中，这样的数组是元组（tuple）类型 [number, string] 的实例。元组类型是用括号包裹起来的类型列表，表示其元素是指定类型的固定长度数组。在本例中，值 [404, 'not found'] 是元组类型 [number, string] 的实例，但 ['not found', 404] 或 [404, 'error', 'not found'] 不是它的实例。

> 备注：以数字和字符串开始，然后有其他元素的数组类型可以这样表示。
>
> [string, number, ...unknown[]]

正如元组类型可以描述数组的元素一样，对象类型可以定义对象的属性名称和类型。下面是这种类型的一个例子：

{ x: number, y: number }

我们可以使用类型别名让这个声明更易于复用：

type Point = { x: number, y: number }

下面我们可以定义函数的参数为 Point 的实例：

const distanceFromOrigin = (p: Point) => Math.sqrt(Math.pow(p.x, 2) + Math.pow(p.y, 2))

函数类型可以描述函数的参数和返回类型。例如：

(arg1: number, arg2: number) => number

表示拥有两个 number 类型的参数和一个 number 类型返回值的函数。

Math.pow 函数是这种类型的实例，而 Math.sqrt 只有一个参数，所以它不是这种函数类型的实例。

> 备注：在 JavaScript 中，我们必须为函数类型的每个参数类型命名，比如前面示例中的 arg1 和 arg2。仅当方法把第一个参数命名为 this 时可以忽略命名，参考 13.8.2 节。在其他情况下，我会在函数类型中使用 arg1、arg2 等参数命名，这样可以很容易分辨是函数类型还是真实的函数。我将使用 rest 来代表剩余的其他参数。

我们已经了解了联合类型（union type），并集类型 $T \mid U$ 的值是 T 或 U 的实例，比如这个类型：

number | string

它既可以是数字类型，也可以是字符串类型。

(number | string)[]

描述每个元素都是数字类型或字符串类型的数组。

一个交叉类型（intersection type） T&U 表示当前实例同时满足 T 和 U 的类型要求，例如：

Point & { color: string }

作为一个以上类型的实例，该对象必须拥有 x 和 y 的属性（确保是一个 Point 实例），同时拥有值为字符串类型的 color 属性。

13.6 类型推断

试想一下 average 函数调用：

```
const average = (x: number, y: number) => (x + y) / 2 ...
const a = 3
const b = 4
let result = average(a, b)
```

只有函数参数需要类型注释，其他变量的类型是推断出来的。从初始化中，TypeScript 可以知道 a 和 b 必须有 number 类型。通过分析 average 函数的代码，TypeScript 推断返回类型也是 number，所以变量 result 的类型也是 number。

一般来说，类型推断运作良好，但有时我们也需要帮助 TypeScript 进行定义。

变量的初始值可能不足以确定我们想要的类型。例如，假设我们声明了错误代码的类型：

```
type ErrorCode = [number, string]
```

现在我们要声明该类型的变量。本声明不足以满足以下要求：

```
let code = [404, 'not found']
```

TypeScript 从右侧推断类型 (number | string)[]，它可以是元素为数字或字符串的任意长度数组。这是比 ErrorCode 更通用的类型。

提示：要查看推断类型，请使用显示类型信息的开发环境。图 13-2 展示了 Visual Studio Code 如何显示推断类型。

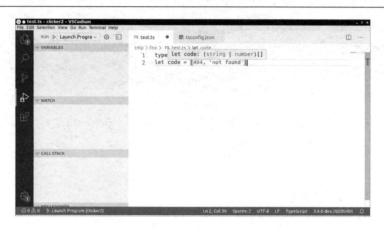

图 13-2　Visual Studio Code 中的类型信息

解决方法是为变量做类型注释：

```
let code: ErrorCode = [404, 'not found']
```

当函数返回类型不明确的值时，我们会遇到相同的问题，如下所示：

```
const root = (x: number) => {
if (x >= 0) return Math.sqrt(x) else return [404, 'not found']
}
```

推断的返回类型为 number | (number | string)[]。如果需要 number | ErrorCode，那么可以将返回类型注释放在参数列表后面：

```
const root = (x: number): number | ErrorCode => {
  if (x >= 0) return Math.sqrt(x)
  else return [404, 'not found']
}
```

以下函数同上，不过是用 function 语法来写的：

```
function root(x: number): number | ErrorCode {
```

```
  if (x >= 0) return Math.sqrt(x)
  else return [404, 'not found']
}
```

当用 undefined 来初始化一个变量时，依然需要类型注释：

```
let result = undefined
```

在没有注释的情况下，TypeScript 推断类型为 any。（推断类型未定义是没有意义的——那样变量永远无法改变。）因此，我们需要指定预期类型：

```
let result: number | undefined = undefined
```

然后，我们可以把一个数字类型赋值给 result，但是字符串类型不可以：

```
result = 3 // 可以
result = '3' // 错误
```

有时，我们对表达式的类型的了解比 TypeScript 推断的要多。例如，我们接收一个 JSON 对象，并且知道它的类型，就可以使用类型断言（type assertion）：

```
let target = JSON.parse(response) as Point
```

类型断言类似于 Java 或 C 中的强制转换，但就算实际上的值不符合目标类型，也不会发生异常。

在处理联合类型时，TypeScript 会遵循决策流程，以确保每个分支中的值类型正确。考虑下面这个例子：

```
const less = (x: number | number[] | string | Date | null) => {
  if (typeof x === 'number')
    return x - 1;
  else if (Array.isArray(x))
    return x.splice(0, 1)
  else if (x instanceof Date)
    return new Date(x.getTime() - 1000)
  else if (x === null)
    return x
  else
    return x.substring(1)
}
```

TypeScript 会去理解 typeof、instanceof 和 in 操作符，以及 Array.isArray 函数，并测试 null 和 undefined。因此，在前四个分支中，x 的类型被推断为 number、number[]、Date 和 null。第五个分支中仅保留字符串替代项，并且 TypeScript 允许调用 substring。

然而，有时这种推断不起作用。例如：

```
const more = (values: number[] | string[]) => {
  if (array.length > 0 && typeof x[0] === 'number') // 错误，无效类型防护
    return values.map(x => x + 1)
  else
    return values.map(x => x + x)
}
```

TypeScript 无法分析条件。这太复杂了。

在这种情况下，我们可以提供自定义类型防护函数（type guard function）。返回类型可以指定它的特殊角色：

```
const isNumberArray = (array: unknown[]): array is number[] =>
  array.length > 0 && typeof array[0] === 'number'
```

返回类型 array is number[] 表示该函数返回一个布尔值，并且该函数可以用来测试参数 array 是否满足 number[] 类型。我们可以这样使用该类型防护函数：

```
const more = (values: number[] | string[]) => {
  if (isNumberArray(values))
    return values.map(x => x + 1)
  else
    return values.map(x => x + x)
}
```

以下类型防护函数同上，不过使用了 function 语法：

```
function isNumberArray(array: unknown[]): array is number[] {
  return array.length > 0 && typeof array[0] === 'number'
}
```

13.7 子类型

有些类型（例如 number 和 string）彼此之间没有关系。number 变量不能保存 string 类型的值，string 变量也不能保存 number 类型的值，但是其他类型是相关的。例如，类型为 number | string 的变量可以保存 number 类型的值。

可以说 number 是 number | string 的子类型（subtype），而 number | string 是 number 和 string 的超类型（supertype）。子类型比它的超类型有更多的约束。超类型的变量可以保存子类型的值，但反之不成立。

在后续各节中，我们将更详细地研究子类型的关系。

13.7.1 替代规则

回顾这个表达式：

```
type Point = { x: number, y: number }
```

对象 { x: 3, y: 4 } 显然是 Point 的实例。而对于：

```
const bluePoint = { x: 3, y: 4, color: 'blue' }
```

也是 Point 的实例吗？毕竟它拥有类型为 number 的 x 和 y 属性。

在 TypeScript 中，答案是否定的，bluePoint 对象是 { x: number, y: number, color: string } 的实例。

方便起见，我们给这个类型命名：

```
type ColoredPoint = { x: number, y: number, color: string }
```

ColoredPoint 类型是 Point 的子类型，Point 是 ColoredPoint 的超类型。子类型满足了超类型的所有要求，以及一些其他的要求。

当一个值满足给定类型的要求时，我们可以提供一个子类型实例来替换给定的类型，这被称为替换规则。

比如，这里我们将一个类型为 ColoredPoint 的对象传递给一个参数类型为 Point 的函数：

```
const distanceFromOrigin = (p: Point) => Math.sqrt(Math.pow(p.x, 2) + Math.pow(p.y, 2))
const result = distanceFromOrigin(bluePoint) // 正确
```

`distanceFromOrigin` 函数需要一个类型为 `Point` 参数，也完全接受一个类型为 `ColorPoint` 的参数。为什么会这样呢？因为该函数需要访问数字 `x` 和 `y` 属性，而在类型为 `ColorPoint` 的对象中，这些属性一定存在。

备注：正如我们刚才看到的，变量的类型不必与它所引用的值的类型完全相同。在这个示例中，参数 `p` 具有 `Point` 类型，但其引用的值属于 `ColorPoint` 类型。当确保引用的值属于给定类型或给定类型的子类型时，我们就可以使用这个类型的变量。

替换规则在 TypeScript 中有一个例外，即不能以子类型的对象字面量替换。这样调用会导致编译失败：

```
const result = distanceFromOrigin({ x: 3, y: 4, color: 'blue' }) // 错误
```

这被称为多余属性检查（excess property check）。

将对象字面量分配给类型化变量时，将执行相同的检查：

```
let p: Point = { x: 3, y: 4 }
p = { x: 0, y: 0, color: 'red' } // 错误，多余属性 blue
```

下一节会介绍此检查的基本原理。

绕过多余的属性检查非常容易，只需引入另一个变量：

```
const redOrigin = { x: 0, y: 0, color: 'red' }
p = redOrigin // 正确，p 可以接受一个子类型的值
```

13.7.2 可选属性及多余属性

类型为 `Point` 的对象不能读取除 `x` 和 `y` 以外的任何属性，因为不能保证该属性存在。

```
let p: Point = ...
console.log(p.color) // 错误，没有这个属性
```

这很合理，类型系统应该提供这样的检查。

但是如果编写这样一个属性会怎么样呢？

```
p.color = 'blue' // 错误，没有这个属性
```

从类型理论的角度来看，这是安全的。变量 `p` 仍将引用属于 `point` 的子类

型的值。但是 TypeScript 禁止设置"多余属性"。

如果需要一些属性，这些属性存在于一个类型的某些对象而非所有对象中时，请使用可选属性。标有 ? 的属性表示允许的但不是必需的。例如：

```
type MaybeColoredPoint = {
  x: number,
  y: number,
  color?: string
}
```

以下声明是合理的：

```
let p: MaybeColoredPoint = { x: 0, y: 0 } // 正确，color 属性是可选的
p.color = 'red' // 正确，可以设置 color 属性
p = { x: 3, y: 4, color: 'blue' } // 正确，可以设置可选属性字符
```

多余属性检查是为了捕获可选属性的书写错误。考虑这个用于绘制点的函数：

```
const plot = (p: MaybeColoredPoint) => ...
```

以下调用是错误的：

```
const result = plot({ x: 3, y: 4, colour: 'blue' }) // 错误，多余属性 colour
```

请注意 colour 的英式英语拼写。MaybeColoredPoint 类没有 colour 属性，所以 TypeScript 会捕获该错误。如果编译器在没有多余属性检查的情况下遵循了替换规则，那么该函数将绘制没有 color 属性的 Point。

13.7.3 数组和对象类型的变换

元素为 ColoredPoint 类型的数组比元素为 Point 类型的数组更特殊吗？看起来确实如此。实际上，在 TypeScript 中，ColoredPoint[] 类型是 Point[] 的子类型。通常，如果 S 是 T 的子类型，则数组类型 S[] 是 T[] 的子类型。数组在 TypeScript 中是协变（covariant）的，因为数组类型与元素类型的变化是同方向的。

然而，这种关系实际上是不安全的。我们可以编写编译正确但在运行时产生错误的 TypeScript 程序。例如：

```
const coloredPoints: ColoredPoint[] = [
```

```
    { x: 3, y: 4, color: 'blue' },
    { x: 0, y: 0, color: 'red' }
]
const points: Point[] = coloredPoints // 正确，points 可以接受一个子类型的值
```

我们可以通过 points 变量添加一个普通 Point：

```
points.push({ x: 4, y: 3 }) // 正确，添加一个 Point 类型实例到 Point[] 类型的数组中
```

但是 coloredPoints 和 points 指向同一数组。读取添加的点 coloredPoints 变量，会导致运行时错误：

```
console.log(coloredPoints[2].color.length)
// 错误，无法从 undefined 中读取 'length' 属性
```

值 coloredPoints[2].color 是 undefined。对于值 ColoredPoint 来说，原本不应该有这样的问题，原因在于类型系统存在一个盲点。

这是语言设计者有意识的选择。理论上，只有不可变数组是协变的，而可变数组应该是不可协变的。也就是说，不同类型的可变数组之间不应有子类型关系。然而，不可协变数组会很不方便。在这种情况下，TypeScript、Java 和 C# 为了方便而决定放弃完备类型安全。

协变也用于对象类型。为了确定一个对象类型是否是另一个对象类型的子类型，我们需要查看匹配属性的子类型关系。我们来看共享单个属性的两种类型：

```
type Colored = { color: string }
type MaybeColored = { color: string | undefined }
```

在这种情况下，string 是 string | undefined 的子类型，因此 Colored 是 MaybeColored 的子类型。

通常，如果 *S* 是 *T* 的子类型，则对象类型 {*p*: *S*} 是 {*p*: *T*} 的子类型。如果存在多个属性，则所有属性必须在相同的继承关系上变化。

与数组一样，对象的协变是不安全的，参考练习题 11。

本节介绍了数组和对象类型如何随其组件类型而变化。有关功能类型的变化请参考 13.12.3 节，有关泛型变化请参考 13.13.5 节。

13.8 类

以下各节介绍了类在 TypeScript 中的工作方式。我们首先回顾 JavaScript 和 TypeScript 中类之间的语法差异，然后介绍类与类型的关系。

13.8.1 类声明

类的 TypeScript 语法类似于 JavaScript 的语法。当然，我们需要为构造函数和方法参数提供类型注释，以及指定实例的字段类型。一种方法是列出带有类型注释的字段，如下所示：

```
class Point {
  x: number
  y: number
  constructor(x: number, y: number) {
    this.x = x
    this.y = y
  }

  distance(other: Point) {
    return Math.sqrt(Math.pow(this.x - other.x, 2) + Math.pow(this.y - other.y, 2))
  }

  toString() {
    return `(${this.x}, ${this.y})`
  }

  static origin = new Point(0, 0)
}
```

或者，我们可以提供初始值以便 TypeScript 推断类型：

```
class Point {
  x= 0
```

```
  y= 0
  ...
}
```

> 📖 **备注**：此语法适用于 JavaScript 中 stage 3 提案的字段语法。[1]

我们可以将实例字段设为私有的。TypeScript 支持 JavaScript 中当前处于 stage 3 提案阶段的私有功能的语法。

```
class Point {
  #x: number
  #y: number

  constructor(x: number, y: number) {
    this.#x = x
    this.#y = y
  }

  distance(other: Point) {
    return Math.sqrt(Math.pow(this.#x - other.#x, 2) + Math.pow(this.#y - other.#y, 2))
  }

  toString() { return `(${this.#x}, ${this.#y})` }

  static origin = new Point(0, 0)
}
```

> 📖 **备注**：TypeScript 还支持对实例字段和方法使用 private 和 protected 修饰符。这些修饰符的工作原理与其在 Java 或 C++ 中的类似。它们来自 JavaScript 没有私有变量和方法语法的时期。本章不讨论这些修饰符。

---

[1] 译者注：指 TC39 组织对于 JavaScript 的语法更新迭代的 stage 3 提案处于候选阶段，在获取具体实现和用户的反馈。此后，只有在实现和使用过程中出现了重大问题才会修改。(1) 规范文档必须是完整的，评审人和 ECMAScript 的编辑要在规范上签字。(2) 至少要在一个浏览器中实现，提供 polyfill 或 babel 插件。

> 备注：我们可以把实例的字段声明成 readonly。
>
> ```
> class Point {
>   readonly x: number
>   readonly y: number
>   ...
> }
> ```
>
> readonly 属性在初始赋值后不能更改。
>
> ```
> const p = new Point(3, 4)
> p.x = 0 // 错误，不能修改只读属性
> ```
>
> 请注意，readonly 应用于属性，而 const 应用于变量。

13.8.2 类的实例类型

类的实例具有包含每个公共属性和方法的 TypeScript 类型。例如，前面各节中带有公共字段的 Point 类，其实例具有类型：

```
{
  x: number,
  y: number,
  distance: (this: Point, arg1: Point) => number
  toString: (this: Point) => string
}
```

注意，构造函数和静态成员不是实例类型的一部分。

我们可以通过命名第一个参数 this 来指示方法，就像在前面的示例中一样。也可以使用以下简写方法：

```
{
  x: number,
  y: number,
  distance(arg1: Point): number
  toString(): string
}
```

类中的 getter 和 setter 方法会自动提升 TypeScript 类型中的属性。例如，

如果定义如下内容：

```
get x() { return this.#x }
set x(x: number) { this.#x = x }
get y() { return this.#y }
set y(y: number) { this.#y = y }
```

对于上一节中具有私有实例字段的 Point 类，TypeScript 类型具有类型为 number 的属性 x 和 y。

如果只提供 getter，则属性为 readonly。

 注意：如果我们只提供一个 setter 而没有 getter，那么属性是可以访问的，但是会返回 undefined。

13.8.3　类的静态类型

如上一节所述，构造函数和静态成员不属于类的实例类型。相反，它们属于静态类型。

案例中的 Point 类的静态类型如下：

```
{
  new (x: number, y: number): Point
  origin: Point
}
```

指定构造函数类型的语法与指定方法类型的语法类似，但是我们可以使用 new 代替方法名称。

我们通常不必担心静态类型（参考 13.13.4 节），尽管如此，它仍然是引起混淆的常见原因。比如以下代码片段：

```
const a = new Point(3, 4)
const b: typeof a = new Point(0, 0) // 正确
const ctor: typeof Point = new Point(0, 0) // 错误
```

由于 a 是 Point 的实例，因此 typeof a 是 Point 类的实例类型。但是 typeof Point 是什么呢？这里的 Point 是构造函数。毕竟，这就是所有类在 JavaScript 中的本质——构造函数，其类型是类的静态类型。我们可以将 ctor 初始化为：

```
const ctor: typeof Point = Point
```

然后可以调用 `new ctor(3, 4)` 或访问 `ctor.origin`。

13.9　结构类型

TypeScript 使用结构类型系统。如果两种类型具有相同的结构，那么它们就是相同的。例如以下两行代码是同一类型的：

```
type ErrorCode = [number, string]
type LineItem = [number, string]
```

类型的名称无关紧要。我们可以在两种类型之间自由赋值：

```
let code: ErrorCode = [404, 'Not found']
let items: LineItem[] = [[2, 'Blackwell Toaster']]
items[1] = code
```

这听起来似乎有潜在的危险，但它肯定不会比程序员每天用普通的 JavaScript 做得更糟。实际上，两种对象类型的结构完全相同是不太可能的。如果我们在上述例子中使用对象类型，则可能会得出以下类型：

```
type ErrorCode = { code: number, description: string }
type LineItem = { quantity: number, description: string }
```

它们不是同一个类型，因为属性名称不匹配。

结构类型与 Java、C# 或 C++ 中名义上的类型系统区别较大，后者中的类型的名称很重要。但是在 JavaScript 中，重要的是对象的功能，而不是对象类型的名称。

为了说明其中的区别，来看以下的 JavaScript 函数：

```
const act = x => {
  x.walk();
  x.quack();
}
```

显然，在 JavaScript 中，这个函数可以接受任何具有方法 `walk` 和 `quack` 的 `x` 对象。

在 TypeScript 中，我们可以使用以下类型来准确地描述这种行为：

```
const act = (x: { walk(): void, quack(): void }) => {
  x.walk();
  x.quack();
}
```

我们可以定义一个具有这些方法的类 Duck：

```
class Duck {
  constructor(...) { ... }
  walk(): void { ... }
  quack(): void { ... }
}
```

然后将鸭子实例传递给 act 函数：

```
const donald = new Duck(...)
act(donald)
```

假设有一个不是这个类实例的对象，但仍然使用 walk 和 quack 方法：

```
const daffy = {
  walk: function () { ... },
  quack: function () { ... }
};
```

我们同样可以将此对象传递给 act 函数。这种现象被称为"鸭子类型"，就像谚语"如果它像鸭子一样走路，像鸭子一样嘎嘎叫，那它一定是鸭子"。

TypeScript 中的结构类型把这种方式正规化了。只要使用这种类型的结构，TypeScript 就可以在编译时检查每个值是否具有所需的功能，而类型名称根本不重要。

13.10 接口

思考一下如何描述一个具有 ID 函数的对象：

```
type Identifiable = {
  id(): string
}
```

我们可以用这个类型定义一个通过 ID 查找元素的函数：

```
const findById = (elements: Identifiable[], id: string) => {
  for (const e of elements)
    if (e.id() === id) return e;
    return undefined;
}
```

为了确保一个类是上述类型的子类，我们可以用 implements 子句定义类：

```
class Person implements Identifiable {
  #name: string
  #id: string
  constructor(name: string, id: string) {
    this.#name = name;
    this.#id = id;
  }
  id() { return this.#id }
}
```

现在 TypeScript 会检查 Person 类是否提供了一个具有正确类型的 id 函数。

> **备注**：这就是 implements 的作用。如果省略这个子句，由于结构类型的存在，Person 仍然是 Identifiable 的子类型。

对于 Java 和 C# 程序员来说，对象类型还有另一种语法：

```
interface Identifiable {
  id(): string
}
```

在旧版本的 TypeScript 中，对象类型比接口有着更严格的约束。现在我们可以任选其中的任何一种方式。

不过它们还有一些细微的差别，一个接口可以扩展另一个接口：

```
interface Employable extends Identifiable {
  salary(): number
}
```

对于类型声明,我们可以使用交集类型:

```
type Employable = Identifiable & {
  salary(): number
}
```

与对象类型不同,接口可以在片段中定义。比如这样写:

```
interface Employable {
  id(): string
}
```

然后紧跟一个:

```
interface Employable {
  salary(): number
}
```

这些片段会被合并起来,而类型声明不会做这样的合并,不过这个特性是否有用还有待商榷。

> **备注**:在 TypeScript 中,接口可以扩展类。它会获取类的实例类型的所有属性,举例如下。
>
> ```
> interface Point3D extends Point { z: number }
> ```
>
> 它具有 `Point` 的字段和方法,以及 `z` 属性。我们也可以使用交叉类型替代这种接口:
>
> ```
> type Point3D = Point & { z: number }
> ```

13.11 索引属性

有时我们希望使用具有任意属性的对象。在 TypeScript 中,我们需要使用索引签名让类型检查器知道可以接受任意属性。例如:

```
type Dictionary = {
  creator: string,
  [arg: string]: string | string[]
}
```

索引参数的变量名（arg）并不重要，但是我们必须提供一个名称。

假设每个 Dictionary 实例都有一个 creator 属性，以及值为字符串或字符串数组的任意数量的其他属性。

```
const dict: Dictionary = { creator: 'Pierre' }
dict.hello = ['bonjour', 'salut', 'allo^']
let str = 'world'
dict[str] = 'monde'
```

 注意：显式提供的属性类型必须是索引类型的子类型，下面是一个错误示例。

```
type Dictionary = {
  created: Date, // 错误，不是 string 或者 string[]
  [arg: string]: string | string[]
}
```

编译器无法检查"为任意值的 str"能否正确地赋值给 dict[str]。[1]

我们还可以使用数字索引值描述类似数组的类型：

```
type ShoppingList = {
  created: Date,
  [arg: number] : string
}

const list: ShoppingList = {
  created: new Date()
}

list[0] = 'eggs'
list[1] = 'ham'
```

13.12　复杂函数参数

以下各节将介绍如何为更多种类的参数提供注释，例如可选参数、默认参

---

[1] 译者注：实际运行结果是，类型 Date 的属性 created 不能赋给字符串索引类型 string | string[]。

数、剩余参数和解构参数，接着会介绍"重载"——为单个函数指定多个参数和返回类型。

13.12.1　可选、默认和剩余参数

来看以下 JavaScript 函数：

```
const average = (x, y) => (x + y) / 2 // JavaScript
```

在 JavaScript 中，需要处理直接调用 average(3)的场景，因为会返回 (3 + undefined) / 2 或 NaN 的结果。在 TypeScript 中，我们不用考虑这些，因为只有提供所有参数才能调用该函数。

然而，JavaScript 经常使用可选参数，例如将 average 函数中的第二个参数设置为可选的：

```
const average = (x, y) => y === undefined ? x : (x + y) / 2
// JavaScript
```

在 TypeScript 中，可以使用 ? 来标记可选参数，形如：

```
const average = (x: number, y?: number) => y === undefined ? x : (x + y) / 2
// TypeScript
```

可选参数必须跟在必选参数后面。

和 JavaScript 一样，在 TypeScript 中，我们可以提供参数的默认值：

```
const average = (x = 0, y = x) => (x + y) / 2
// TypeScript
```

这里的参数类型为默认值的类型。

TypeScript 中剩余参数的用法和 JavaScript 完全相同，我们可以把它声明成一个数组：

```
const average = (first = 0, ...following: number[]) => {
  let sum = first
  for (const value of following) { sum += value }
  return sum / (1 + following.length)
}
```

这个函数的类型是：

```
(arg1: number, ...arg2: number[]) => number
```

13.12.2 解构参数

在第 3 章，我们了解了使用"配置对象"调用的函数，如下所示：

```
const result = mkString(elements,
{ separator: ', ', leftDelimiter: '(', rightDelimiter: ')' })
```

在实现功能时，我们可以为配置对象提供参数：

```
const mkString = (values, config) =>
  config.leftDelimiter + values.join(config.separator) + config.rightDelimiter
```

或者可以使用解构来声明 3 个参数变量：

```
const mkString = (values, { separator, leftDelimiter, rightDelimiter }) =>
  leftDelimiter + values.join(separator) + rightDelimiter
```

在 TypeScript 中，我们需要添加类型，但用下面这种想当然的方式添加类型是行不通的：

```
const mkString = (values: unknown[], { // TypeScript
  separator: string,
  leftDelimiter: string, // 错误，标识符重复
  rightDelimiter: string // 错误，标识符重复
}) => leftDelimiter + values.join(separator) + rightDelimiter
```

TypeScript 类型注释的语法与 JavaScript 解构语法冲突。在 JavaScript（或 TypeScript）中，我们可以在属性名称之后添加变量名称：

```
const mkString = (values, { // JavaScript
  separator: sep,
  leftDelimiter: left,
  rightDelimiter: right
}) => left + values.join(sep) + right
```

要正确指定类型，需要为整个配置对象添加类型注释：

```
const mkString = (values: unknown[], // TypeScript
  { separator, leftDelimiter, rightDelimiter }
  : { separator: string, leftDelimiter: string, rightDelimiter: string })
  => leftDelimiter + values.join(separator) + rightDelimiter
```

在第 3 章中，我们为每个可选参数提供了默认值，这里同样可以提供默认值：

```
const mkString = (values: unknown[], // TypeScript
  { separator = ',', leftDelimiter = '[', rightDelimiter = ']' }
    : { separator?: string, leftDelimiter?: string, rightDelimiter?: string })
  => leftDelimiter + values.join(separator) + rightDelimiter
```

注意在使用默认值时，类型会略有变化——每个属性都会变成可选的。

13.12.3 函数类型型变

在 13.7.3 节中，我们了解到数组是协变的。将元素类型替换为子类型会产生数组子类型。例如，如果员工（`Employee`）是人员（`Person`）的子类型，则员工数组（`Employee[]`）是人员数组（`Person[]`）的子类型。

同样地，对象类型在属性类型中也是协变的。类型 `{partner: Employee}` 是 `{partner: Person}` 的子类型。

在本节中，我们将了解函数类型之间的子类型关系。函数类型对于参数类型是逆变的。如果我们使用父类型来替换参数类型，会得到一个子类型。例如，以下类型：

```
type PersonConsumer = (arg1: Person) => void
```

是如下函数的子类型：

```
type EmployeeConsumer = (arg1: Employee) => void
```

这意味着，一个 `EmployeeConsumer` 变量可以保存 `PersonConsumer` 值：

```
const pc: PersonConsumer = (p: Person) => { console.log(`a person named ${p.name}`) }
const ec: EmployeeConsumer = pc
// 正确，ec 可以保存其子类型的值
```

此赋值是合理的，因为 pf[1] 肯定可以接受 `Employee` 实例，毕竟它可以接受更通用的 `Person` 实例。

其返回类型是协变的。例如：

```
type EmployeeProducer = (arg1: string) => Employee
```

---

[1] 译者注：pc。

是如下函数的子类型：

```
type PersonProducer = (arg1: string) => Person
```

下面这个赋值是合理的：

```
const ep: EmployeeProducer = (name: string) => ({ name, salary: 0 })
const pp: PersonProducer = ep
// 正确，pp 可以保存其子类型的值
```

调用 pp('Fred')肯定会返回一个 Person 实例。

如果从函数类型中删除最后一个参数类型，则会获得它的子类型。例如：

```
(arg1: number) => number
```

是如下函数的子类型：

```
(arg1: number, arg2: number) => number
```

如果要知道原因，请考虑下面这个赋值：

```
const g = (x: number) => 2 * x
// 类型 (arg1: number) => number
const f: (arg1: number, arg2: number) => number = g
// 正确，f 保存子类型的值
```

使用两个参数调用 f 是安全的，第二个参数会被直接忽略。

同样地，如果我们把一个参数设置成可选的，会得到一个子类型：

```
const g = (x: number, y?: number) => y === undefined ? x : (x + y) / 2
// 类型 (arg1: number, arg2?: number) => number
const f: (arg1: number, arg2: number) => number = g
// 正确，f 保存子类型的值
```

和之前一样，使用两个参数调用 f 是安全的。

最后，如果我们添加了一个剩余参数，也会得到一个子类型：

```
let g = (x: number, y: number, ...following: number[]) => Math.max(x, y, ...following)
// 类型 (arg1: number, arg2: number, ...rest: number[]) => number
let f: (arg1: number, arg2: number) => number = g
// 正确，f 保存子类型的值
```

同样地，使用两个参数调用 f 也没有问题。

表 13-1 总结了目前已知的所有子类型规则。

表 13-1 子类型规则

行为	父类型：该类型的变量	子类型：可以持有该类型的值
用子类型替换数组元素	Person[]	Employee[]
用子类型替换对象属性	{ partner: Person }	{ partner: Employee }
添加对象属性	{ x:number, y: number }	{ x: number, y: number, color: string }
用子类型替换函数入参	(arg1: Employee) => void	(arg1: Person) => void
用子类型替换函数返回	(arg1: string) => Person	(arg1: string) => Employee
丢弃最后入参	(arg1: number, arg2: number) => number	(arg1: number) => number
可选最后入参	(arg1: number, arg2: number) => number	(arg1: number, arg2?: number) => number
添加剩余参数	(arg1: number) => number	(arg1: number, ...rest: number[]) => number

13.12.4 重载

JavaScript 中的函数通常可以灵活调用。例如，计算一个字母在字符串中出现次数的 JavaScript 函数如下：

```
function count(str, c) { return str.length - str.replace(c, '').length }
```

如果是字符串数组呢？在 JavaScript 中，我们可以很容易地进行扩展：

```
function count(str, c) {
  if (Array.isArray(str)) {
    let sum = 0;
    for (const s of str) {
      sum += s.length - s.replace(c, '').length;
    }
    return sum;
  } else {
    return str.length - str.replace(c, '').length;
  }
}
```

在 TypeScript 中，我们需要为此函数提供一个类型，这并不难，因为 str 是字符串或字符串数组：

```
function count(str: string | string[], c: string) { ... }
```

这是可行的,因为在这两种情况下,返回类型都是 number。也就是说,函数类型为:

```
(str: string | string[], c: string) => number
```

但是如果返回类型因参数类型而异呢?假设我们要删除该字母而不是进行计数:

```
function remove(str, c) { // JavaScript
  if (Array.isArray(str))
    return str.map(s => s.replace(c, ''))
  else
    return str.replace(c, '')
}
```

现在返回类型既可能是 string,也可能是 string[]。

但是使用联合类型 string | string[] 作为返回类型不是最佳选择。在如下表达式中:

```
const result = remove(['Fred', 'Barney'], 'e')
```

我们希望返回的类型是 string[],而不是联合类型。

我们可以通过重载函数来实现这一点。在 JavaScript 中,是不可能实现真正的函数重载的,JavaScript 不允许实现具有相同名称但参数类型不同的多个函数。在这种情况下,我们需要列出希望可以单独实现的声明,例如:

```
function remove(str: string, c: string): string;
function remove(str: string[], c: string): string[];
function remove(str: string | string[], c: string) {
  if (Array.isArray(str))
    return str.map((s) => s.replace(c, ''));
  else
    return str.replace(c, '');
}
```

对于箭头函数,语法有点不同。注释将保存函数的变量的类型,如下所示:

```
const remove: {
  (arg1: string, arg2: string): string
  (arg1: string[], arg2: string): string[]
```

```
} = (str: any, c: string) => {
  if (Array.isArray(str))
    return str.map(s => s.replace(c, ''))
  else
    return str.replace(c, '')
}
```

> **注意**：可能由于历史原因，此重载注释的语法未对函数类型使用箭头语法，该语法会让人想起接口声明。
> 此外，它的类型检查也不如箭头函数，参数类型声明必须使用类型 any，而不是 string | string[]。使用 function 函数声明时，TypeScript 会更加努力地检查函数的执行路径，确保 string 参数返回 string 值，且 string[] 参数返回 string[] 值。

重载的使用方法类似于函数的语法：

```
class Remover {
  c: string
  constructor(c: string) { this.c = c }
  removeFrom(str: string): string
  removeFrom(str: string[]): string[]
  removeFrom(str: string | string[]) {
    if (Array.isArray(str))
      return str.map(s => s.replace(this.c, ''))
    else
      return str.replace(this.c, '')
  }
}
```

 ## 13.13　泛型编程

对于类、类型或函数的声明，如果不预先指定具体的类型，而在使用时再指定，那么我们称之为泛型。例如，在 TypeScript 中，标准 Set<T> 类型具有类型参数 T，允许任何类型的集合，例如 Set<string> 或 Set<Point>。以下各节将介绍如何在 TypeScript 中使用泛型。

13.13.1 泛型类和类型

下面是一个简单的泛型类，它的实例包含键值对：

```
class Entry<K, V> {
  key: K
  value: V
  constructor(key: K, second: V) {
    this.key = key
    this.value = value
  }
}
```

可以看到，类型参数 K 和 V 在类名称后的尖括号内指定。在字段和构造函数的定义中，类型参数被当作类型来使用。

我们可以使用类型替换类型变量将泛型类实例化。例如，Entry<string, number> 是一个普通类，其字段类型为 string 和 number。

泛型类型是具有一个或多个类型参数的类型，例如：

```
type Pair<T> = { first: T, second: T }
```

> 备注：我们可以指定一个默认的参数类型，举例如下。
>
> ```
> type Pair<T = any> = { first: T, second: T }
> ```
>
> 这样 Pair 类型和 Pair<any> 就是相同的。

在第 7 章提到，TypeScript 为 Set、Map 和 WeakMap 类提供了泛型。我们只需提供元素的类型，就可以从构造函数参数中推断类型：

```
const salaries = new Map<Person, number>()
```

例如，以下的映射被类型化为 Map<string, number>：

```
const weekdays = new Map(
  [['Mon', 0], ['Tue', 1], ['Wed', 2], ['Thu', 3], ['Fri', 4], ['Sat', 5], ['Sun', 6]])
```

> 备注：泛型类 Array<T> 和 T[] 是完全相同的。

13.13.2 泛型函数

就像泛型类是具有类型参数的类一样，泛型函数是具有类型参数的函数。这是带有一个类型参数的函数的示例，该函数用于计算目标值在数组中重复的次数。

```typescript
function count<T>(arr: T[], target: T) {
  let count = 0
  for (let e of arr) if (e === target) count++
  return count
}
```

使用参数类型可确保数组类型与目标类型相同。

```typescript
let digits = [3, 1, 4, 1, 5, 9, 2, 6, 5, 3, 5]
let result = count(digits, 5) // 正确
result = count(digits, 'Fred') // 类型错误
```

泛型函数的类型参数始终放在开始函数参数列表的左括号之前。泛型箭头函数如下所示：

```typescript
const count = <T>(arr: T[], target: T) => {
  let count = 0
  for (let e of arr) if (e === target) count++
  return count
}
```

这个函数的类型是：

```typescript
<T> (arg1: T[], arg2: T) => number
```

在调用泛型函数时，不需要指定参数类型，可以从参数类型中推断出来。例如，在调用 `count(digits,5)` 中，TypeScript 可以推断 T 的类型是 number，所以 `digits` 的类型是 `number[]`。

我们可以根据个人喜好提供类型明确的参数，例如：

```typescript
count<number>(digits, 4)
```

有时 TypeScript 无法推断出我们想要的类型，这时就需要像上面这样明确指定类型。下一节中将给出这方面的示例。

13.13.3 类型绑定

有时,泛型类或函数的类型参数需要满足某些要求。我们可以用类型绑定来表达这些要求。

下面这个函数会返回其尾部参数,即除第一个参数之外的所有参数:

`const tail = <T>(values: T) => values.slice(1) // 错误`

这种方法是行不通的,因为 TypeScript 不知道 `values` 是否具有 `slice` 方法。我们使用类型绑定:

`const tail = <T extends { slice(from: number, to?: number): T }>(values: T) => values.slice(1) // 正确`

类型绑定确保 `values.slice(1)` 有效。请注意,类型绑定中的 extend 关键字实际上意味着 "子类型" ——TypeScript 设计人员没有新提出关键字或符号,而是沿用了现有的 extend。

现在我们可以调用:

`let result = tail([1, 7, 2, 9]) // 设置结果为[7, 2, 9]`

或者

```
let greeting = 'Hello'
console.log(tail(greeting)) // 显示 ello
```

当然,我们也可以为用作绑定的类型命名:

```
type Sliceable<T> = { slice(from: number, to?: number): T }
const tail = <T extends Sliceable<T>>(values: T) => values.slice(1)
```

例如,类型 `number[]` 是 `Sliceable<number[]>`的子类型,因为 `slice` 方法返回了 `number[]` 的实例。同理,`string` 是 `Sliceable<string>`的子类型。

 注意:如果尝试如下调用。

`console.log(tail('Hello')) // 错误`

编译失败,会出现错误:类型'Hello'不是 `slicable <'Hello'>` 的子类型。问题在于'Hello'既是字面量类型'Hello'的实例,也是 `string` 类型的实例。TypeScript 通常选择字面量类型,于是类型检查失败。要解决此问题，需要显式实例化模板函数：

```
console.log(tail<string>('Hello')) // 正确
```

或使用类型断言：

```
console.log(tail('Hello' as string))
```

13.13.4 类型擦除

将 TypeScript 代码转换为原生 JavaScript 时，将删除所有类型，因此如下调用是非法的：

```
let newlyCreated = new T()
```

因为在运行时是没有 T 的。

要构造任意类型的对象，需要使用构造函数。例如：

```
const fill = <T>(ctor: { new() : T }, n: number) => {
  let result: T[] = []
  for (let i = 0; i < n; i++)
    result.push(new ctor())
  return result
}
```

请注意 `ctor` 的类型是可以用 `new` 调用并返回一个值类型为 `T` 的函数。这是一个构造函数，这种特定的构造函数没有参数。调用 `fill` 函数时，需要提供类的名称：

```
const dates = fill(Date, 10)
```

表达式 `Date` 是构造函数。在 JavaScript 中，类只是带有原型的构造函数的"语法糖"。

同样地，我们不能对泛型进行 `instanceof` 运算，以下代码无法正常运行：

```
const filter = <T>(values: unknown[]) => {
  let result: T[] = []
  for (const v of values)
    if (v instanceof T) // 错误
      result.push(v)
```

```
    return result
}
```

补救措施是指定构造函数类型：

```
const filter = <T>(values: unknown[], ctor: new (...args: any[]) => T) => {
  let result: T[] = []
  for (const v of values)
    if (v instanceof ctor) // 正确，instanceof 右边是一个构造函数
      result.push(v)
  return result
}
```

这是一个简单的调用示例：

```
const pointsOnly = filter([3, 4, new Point(3, 4), Point.origin], Point)
```

注意在这种情况下，构造函数会接受任意参数。

 注意：instanceof 测试只对类有效，我们无法测试一个运行时的值是不是一个类型或接口的实例。

13.13.5　泛型的型变

考虑这样一个泛型：

```
type Pair<T> = { first: T, second: T }
```

现在假设 Employee 是类型 Person 的子类型，那么 Pair<Person> 和 Pair<Employee> 之间有什么关系？

类型理论为类型变量提供了 3 种可能性，它可以是协变的（即泛型类型在同一方向上变化）、逆变的（具有反向的子类型关系）和不变的（泛型类型之间没有子类型关系）。

在 Java 中，类型变量始终是不变的，但是我们可以用通配符来表示类型的关系，例如 <? extends Person>。在 C# 中，我们可以选择类型参数的关系，例如 Pair <out K, in V>。TypeScript 没有任何类似的机制。

相反地，在确定泛型类型实例是否是另一个的子类型时，TypeScript 仅替换实际类型，然后比较生成的非泛型类型。

例如，当比较 Pair<Person> 和 Pair<Employee> 时，替换类型 Person 和

Employee 后返回：

`{ first: Person, second: Person }`

和子类型：

`{ first: Employee, second: Employee }`

因此，`Pair<T>` 类型在 T 中是协变的，这是不合理的（见练习题 15）。然而，正如 13.7.3 节中讨论的，这种不合理性是一个有意的设计决策。

来看另一个逆变的例子：

`type Formatter<T> = (arg1: T) => string`

要比较 `Formatter<Person>` 和 `Formatter<Employee>`，需要接入具体类型，然后比较：

`(arg1: Person) => string`

和

`(arg1: Employee) => string`

由于函数参数类型是逆变的，因此 `Formatter<T>` 的类型变量 T 也是如此。这种行为是合理的。

13.13.6 条件类型

`T extends U ? V : W` 表示条件类型，其中 T、U、V 和 W 是类型或类型变量。例如：

`type ExtractArray<T> = T extends any[] ? T : never`

如果 T 是一个数组，`ExtractArray<T>` 要么是 T，要么是 never，这种类型没有实例。

就其本身而言，这种类型没什么用。但是它可以用来从联合中过滤类型：

```
type Data = string | string[] | number | number[]
type ArrayData = ExtractArray<Data> //  string[] | number[]
```

针对 `string` 和 `number` 的情况，`ExtractArray` 会返回 `never`，也就是丢弃数据。

现在假设我们只想要元素类型。下面这种方式是行不通的：

type ArrayOf<T> = T extends U[] ? U : never // 错误，U 没有定义

但是我们可以使用关键字 infer：

type ArrayOf<T> = T extends (**infer** U)[] ? U : never

这里我们检查对一个 X 来说，T 是否扩展了 X[]。如果是，则将 U 绑定到 X 上。当应用于联合类型时，非数组将被删除，数组将被其元素类型替换。例如：ArrayOf<Data> 为 number | string。[1]

13.13.7 映射类型

另一种指定索引的方法是使用映射类型。给定字符串、整数或符号文字的联合类型，我们可以定义如下索引：

type Point = {
  [propname in 'x'|'y']: number
}

Point 类型持有两个属性——x 和 y，均为 number。

 注意：这种表示方法类似索引属性的语法（参考 13.11 节）。但是，映射类型只有一个映射，并且不能具有其他属性。

这个例子不是很实用。映射类型用于转换现有类型。如果给定一个 Employee 类型，我们可以将所有属性设为只读的：

type ReadonlyEmployee = {
  readonly [propname in keyof Employee]: Employee[propname]
}

这个例子包含了两个新语法片段。
- 类型 keyof T 是 T 中所有属性名称的联合类型。在此例中表示 'name' | 'salary' |...。

---

[1] 译者注：此处引入 X 有点容易混淆，实际含义是，如果 T 定义为 number[]，因为 T 扩展了 U[]，即 U 推断为 number，那么此时返回 number。

- 类型 `T[p]` 表示名称为 `p` 的属性，比如 `Employee['name']` 的类型是 `string`。

映射类型可谓是泛型中的一个亮点，TypeScript 库定义了如下实用类型：

```
type Readonly<T> = {
  readonly [propname in keyof T]: T[propname]
}
```

这个类型把 `T` 中的所有属性都定义成了只读的。

> **提示**：当我们对一个参数类型使用 `Readonly` 时，可以确保它在被调用时不被修改。
>
> ```
> const distanceFromOrigin = (p: Readonly<Point>) =>
>   Math.sqrt(Math.pow(p.x, 2) + Math.pow(p.y, 2))
> ```

另一个示例是实用类型工具 `Pick`，它允许我们选择属性的子集，如下所示：

```
let str: Pick<string, 'length' | 'substring'> = 'Fred'
// 只能把 length 和 substring 赋值给 str
```

以下是类型定义：

```
type Pick<T, K extends keyof T> = {
  [propname in K]: T[propname]
};
```

注意，`extends` 的意思是"子类型"。类型 `keyof string` 是所有 `string` 属性名的集合，子类型是这些名称的子集。我们还可以删除修饰符：

```
type Writable<T> = {
  -readonly [propname in keyof T]: T[propname]
}
```

使用 `?` 或 `-?` 可以添加或删除 `?` 修饰符：

```
type AllRequired<T> = {
  [propname in keyof T]-?: T[propname]
}
```

练习题

1. 以下代码描述了哪些类型？

```
(number | string)[]
number[] | string[]
[[number, string]]
[number, string, ...:number[]]
[number, string, ...:(number | string)[]]
[number, ...: string[]] | [string, ...: number[]]
```

2. 请思考返回类型为 `void` 和 `undefined` 的函数之间的区别。返回 `void` 的函数可以有任何返回声明吗？返回 `undefined` 或 `null` 呢？返回类型 `undefined` 的函数必须具有 `return` 语句，还是可以隐式返回 `undefined`？

3. 列出 `Math` 类所有的函数类型。

4. 类型 `object`、`Object` 和 `{}` 有什么区别？

5. 请描述以下两种类型的区别。

```
type MaybeColoredPoint = {
  x: number,
  y: number,
  color?: string
}
```

和

```
type PerhapsColoredPoint = {
  x: number,
  y: number,
  color: string | undefined
}
```

6. 给定类型：

```
type Weekday = 'Mon' | 'Tue' | 'Wed' | 'Thu' | 'Fri' | 'Sat' | 'Sun'
```

`Weekday` 是 `string` 的子类型，还是 `string` 是 `Weekday` 的子类型？

7. 请描述 `number[]` 和 `unknown[]` 的子类型关系。`{ x: number, y: number }`

和 { x: number | undefined, y: number | undefined } 呢？{ x: number, y: number } 和 { x: number, y: number, z: number } 呢？

8. 请描述 (arg: number) => void 和 (arg: number | undefined) => void 的子类型关系。() => unknown 和 () => number 呢？() => number 和 (number) => void 呢？

9. 请描述 (arg1: number) => number 和 (arg1: number, arg2?: number) => number 的子类型关系。

10. 实现这样一个函数：

```
const act = (x: { bark(): void } | { meow(): void }) => ...
```

调用 x 的 bark 或 meow 函数，使用 in 操作符来区分两种情况。

11. 用下面指定的类型说明对象协变是不合理的：

```
type Colored = { color: string }
type MaybeColored = { color: string | undefined }
```

与 13.7.3 节中的数组一样，定义两个变量，每种类型都引用相同的值。通过修改其中一个变量的 color 属性并读取另一个变量的该属性，创建一个体现类型检查器漏洞的场景。

12. 在 13.11 节中，我们知道以下声明是错误的：

```
type Dictionary = {
  created: Date, // 错误，不是一个 string or string[]
  [arg: string]: string | string[]
}
```

你能用交叉类型来修复这个问题吗？

13. 考虑 13.11 节中的索引属性：

```
type ShoppingList = {
  created: Date,
  [arg: number] : string
}
```

以下代码为什么会出错？

```
const list: ShoppingList = {
  created: new Date()
}
```

```
list[0] = 'eggs'
const more = ['ham', 'hash browns']
for (let i in arr)
  list[i + 1] = arr[i]
```

为什么这段代码不会出错？

```
for (let i in arr)
  list[i] = arr[i]
```

14. 给出一个与表 13-1 中情况不同的父类型/子类型的组合，针对表中的每个组合，证明父类型变量可以接受子类型的实例。

15. 13.13.5 节中的泛型 Pair<T> 类，其中 T 是协变的。请举例说明其中的不合理之处。同理，在 13.7.3 节中定义了两个变量——类型 Pair<Person> 和类型 Pair<Employee>，它们都引用了同一个值。通过一个变量来修改这个值，并通过另一个变量读取该值，即可以触发一个运行时异常。

16. 完成这个泛型函数：

```
const last = <...> (values: T) => values[values.length - 1]
```

使得我们可以这样调用：

```
const str = 'Hello'
console.log(last(str))
console.log(last([1, 2, 3]))
console.log(last(new Int32Array(1024)))
```

提示：T 需要一个 length 属性和一个索引属性。那么索引属性的返回类型应该是什么？

前端领域权威巨著

《JavaScript语言精髓与编程实践（第3版）》

周爱民 著
ISBN 978-7-121-38669-5
2020年5月出版
定价：144.00元

◎ 三大前端领军人物联合作序力荐
◎ 宏篇完整解析，JS绿皮书传奇登场
◎ 超语言之思想，辨析编程语言的奥义

《JavaScript 二十年》

【美】Allen Wirfs-Brock，Brendan Eich 著
王译锋 译
ISBN 978-7-121-40868-7
2021年5月出版
定价：79.00元

◎ JS之父与ES6制定者合力撰写
◎ 内涵与收获远超技术的神作

《狼书(卷1)：更了不起的Node.js》

《狼书(卷2)：Node.js Web应用开发》

狼叔 著

◎ 编写更具前端特色的代码
◎ 新老咸宜，Node进行到底
◎ 纵横全网，狼书更有良方

《JavaScript语言精粹（修订版）》
JavaScript: The Good Parts
【美】Douglas Crockford 著
赵泽欣 鄢学鹍 译
ISBN 978-7-121-17740-8
2012年9月出版
定价：69.00元

◎ Jason之父老道扛鼎名著
◎ BAT前端岗前培训必选书目
◎ 完美诠释JS轻巧简洁的特点

《高性能JavaScript》
High Performance JavaScript
【美】Nicholas C. Zakas 著
丁琛 译
ISBN 978-7-121-26677-5
2015年8月出版
定价：89.00元

◎ 本书承载了JS性能宝贵经验
◎ 带你编写更为高效和快速的代码

《ES6标准入门（第3版）》

阮一峰 著
ISBN 978-7-121-32475-8
2017年9月出版
定价：99.00元

◎ 千万级名博、前端布道人阮一峰执笔
◎ 来自BAT一线实践，精彩案例透彻解